职业教育汽车工程专业"十四五"规划教材
互联网+新形态活页式教材

汽车检测与故障诊断技术

马福胜　主编

图书在版编目（CIP）数据

汽车检测与故障诊断技术／马福胜主编. —天津：天津大学出版社，2022.12

职业教育汽车工程专业"十四五"规划教材 互联网＋新形态活页式教材

ISBN 978－7－5618－7378－6

Ⅰ.①汽… Ⅱ.①马… Ⅲ.①汽车-故障检测-高等职业教育-教材 ②汽车-故障诊断-高等职业教育-教材 Ⅳ.①U472.9

中国版本图书馆 CIP 数据核字（2022）第 250567 号

出版发行	天津大学出版社
地　　址	天津市卫津路 92 号天津大学内（邮编：300072）
电　　话	发行部：022－27403647
网　　址	www.tjupress.com.cn
印　　刷	北京盛通印刷股份有限公司
经　　销	全国各地新华书店
开　　本	787mm×1092mm 1/16
印　　张	11.5
字　　数	252 千
版　　次	2022 年 12 月第 1 版
印　　次	2022 年 12 月第 1 次
定　　价	38.00 元

凡购本书，如有缺页、倒页、脱页等质量问题，请与我社发行部联系调换

版权所有　侵权必究

《汽车检测与故障诊断技术》编委会

主　编　马福胜　潍坊职业学院
副主编　夏山鹏　潍坊工程职业学院
　　　　　李彤洲　沈阳现代制造服务学校
　　　　　席超湖　滨州职业学院
编　委　王登强　潍坊职业学院
　　　　　张　田　滨州科技职业学院
　　　　　孙金棣　滨州科技职业学院
　　　　　王　玮　潍坊职业学院
　　　　　吕宪强　潍坊职业学院
　　　　　王希业　潍坊职业学院
　　　　　贺贵栋　北京中汽恒泰教育科技有限公司

前 言

当前，我国经济快速发展，急需培养大量高技能型人才，使他们成为各行业的工匠，这是制造业的技术基础，也是当前职业教育发展的重要研究课题。近些年，职业技能大赛成为检验职业教育教学成果的重要手段，也为职业教育的发展指明了方向。

本活页教材是在认真研究全国职业院校技能大赛"汽车检测与维修技术"赛项的基础上编写而成的，编者积极探索实践教学改革，将竞赛的赛项内容、标准以及题库等竞赛资源转化为教学资源，体现"以赛促改，以赛促学"的教学新思路，以期更好地培养出企业需要的高技能型人才，使职业院校培养的学生更好地为行业产业发展服务，为经济转型服务。

本活页教材以学生为中心，采用以任务为导向的项目化结构，内容包括汽车检测与故障诊断基础、汽车发动机管理系统故障诊断、汽车防盗系统故障诊断、汽车灯光系统故障诊断、汽车舒适系统故障诊断和汽车底盘典型故障诊断等项目，融入职业技能大赛理念，使汽车故障诊断标准化，形成可复制、推广、创新的汽车故障诊断方法，更有利于学生学习，提高学生的操作技能，以满足企业对高技能型人才的需求。

本活页教材可以作为高等职业院校、高等专科院校、成人高校等院校的汽车检测与维修技术、汽车制造与试验技术、汽车新能源技术等相关专业的教学用书，也可以作为社会相关从业人员的业务参考和培训用书。

本活页教材由马福胜担任主编，其中项目一、项目二由潍坊职业学院的马福胜和滨州科技职业学院的张田编写，项目四、项目五由潍坊工程职业学院的夏山鹏和滨州科技职业学院的孙金棣编写，项目三、项目六由沈阳现代制造服务学校的李彤洲和滨州职业学院的席超湖编写，参与编写的还有王登强、王玮、吕宪强、王希业、贺贵栋等。

由于编写时间紧迫，编者水平有限，书中错误在所难免，恳请读者批评指正。

编 者
2022 年 12 月

目 录

项目一　汽车检测与故障诊断基础 ……001
　　任务1　汽车故障诊断基本概念与方法／001
　　任务2　汽车故障诊断与检测设备介绍／006

项目二　汽车发动机管理系统故障诊断 ……013
　　任务1　起动机不运转故障诊断／013
　　任务2　起动机运转正常而发动机无法起动故障诊断／026
　　任务3　发动机运转异常故障诊断／040

项目三　汽车防盗系统故障诊断 ……077
　　任务1　无钥匙进入功能失效故障诊断／077
　　任务2　一键起动功能异常故障诊断／087

项目四　汽车灯光系统故障诊断 ……095
　　任务1　近光灯工作异常故障诊断／095
　　任务2　远光灯工作异常故障诊断／107
　　任务3　示宽灯工作异常故障诊断／114
　　任务4　制动灯工作异常故障诊断／120
　　任务5　转向灯工作异常故障诊断／125
　　任务6　雾灯工作异常故障诊断／131

项目五　汽车舒适系统故障诊断 ……135
　　任务1　玻璃升降系统工作异常故障诊断／135
　　任务2　中控门锁系统工作异常故障诊断／144
　　任务3　电动后视镜系统工作异常故障诊断／150

项目六　汽车底盘典型故障诊断 ……155
　　任务1　汽车制动不良故障诊断／155
　　任务2　ABS故障灯常亮故障诊断／165
　　任务3　汽车转向沉重故障诊断／170

参考文献 ……176

项目一
汽车检测与故障诊断基础

任务1　汽车故障诊断基本概念与方法

一、汽车故障诊断技术的基本概念

1. 汽车故障

汽车故障是指汽车部分或完全丧失工作能力的现象，其实质是汽车零件本身或零件之间的配合状态发生了异常变化。汽车在使用过程中出现故障，其原因既有主观方面的，也有客观方面的。其中，主观方面主要包括设计制造、材料选择以及自然老化等；客观方面主要包括工作条件、使用维护以及控制操作等。汽车故障按丧失工作能力的程度可分为局部故障和完全故障。局部故障是指汽车部分丧失了工作能力，降低了使用性能的故障；完全故障是指汽车完全丧失了工作能力，不能行驶的故障。

汽车故障按造成的后果又可分为轻微故障、一般故障、严重故障和致命故障。轻微故障一般不会导致汽车不能行驶或性能下降，不需要更换零件，使用随车工具做适当调整即可排除，如点火、喷油正时不正确等。一般故障是指汽车运行中能及时排除的故障或不能排除的局部故障，会导致汽车停驶或性能下降，但一般不会导致主要部件和总成的严重损坏，可通过更换零件或使用随车工具在短时间内排除，如来油不畅、传感器损坏等。严重故障是指汽车运行中无法完全排除的故障，可能导致零件严重损坏，必须停车，且不能通过更换零件或使用随车工具在短时间内排除，如发动机拉缸、抱轴等。致命故障是指造成汽车重大损坏的故障，可能引起车毁人亡的恶性重大事故，如柴油机飞车、制动系统失效等。

2. 汽车故障诊断

汽车故障诊断是指在汽车不解体（或仅拆下个别小件）的情况下，确定汽车的技术状况，查明故障部位及故障原因的汽车应用技术。

汽车技术状况的诊断是通过检查、测量、分析、判断等一系列活动完成的，其基本方法主要可分为以下两种。

1）直观诊断法

直观诊断法又称人工经验诊断法，是指诊断人员凭丰富的实践经验和一定的理论知识，在汽车不解体或局部解体情况下，依靠直观的感觉印象，借助简单工具，采用眼观、耳听、手摸和鼻闻等手段，进行检查、试验、分析，确定汽车的技术状况，查明故障原因和故障部位的诊断方法。直观诊断法不需要专用仪器设备，投资少、见效快，但诊断速度慢、准确性差，不能进行定量分析，且需要诊断人员有较高的技术水平。

2）现代仪器设备诊断法

现代仪器设备诊断法是在人工经验诊断法的基础上发展起来的一种诊断方法，是指在汽车不解体的情况下，利用测试仪器、检测设备和检验工具，检测整车、总成或机构的参数、曲线和波形，为分析、判断汽车技术状况提供定量依据的诊断方法。现代仪器设备诊断法具有检测速度快、准确性高、能定量分析、可实现快速诊断等优点，而且采用微机控制的现代电子仪器设备能自动分析、判断、存储并打印出汽车各项性能参数。其缺点是投资大、操作人员需要有较高的文化素质、检测成本高等。

实际上，上述两种方法往往同时综合使用，称为综合诊断法。

3．汽车检测

汽车检测是指为确定汽车技术状况或工作能力所进行的检查和测量，按汽车检测的目的可分为安全环保检测和综合性能检测两大类。

1）安全环保检测

安全环保检测是指对汽车进行定期和不定期安全运行及环境保护方面的检测。其目的是在汽车不解体的情况下，建立安全和公害监控体系，确保车辆具有符合要求的外观容貌和良好的安全性能，限制汽车的环境污染程度，使汽车在安全、高效和低污染工况下运行。

2）综合性能检测

综合性能检测是指对汽车进行定期和不定期综合性能方面的检测。其目的是在汽车不解体的情况下，确定运行车辆的工作能力和技术状况，查明故障或隐患部位及原因，对维修车辆实行质量监督，建立质量监控体系，确保车辆具有良好的安全性、可靠性、动力性、经济性、排气和噪声净化性，以创造更大的经济效益和社会效益。

二、汽车电路检修基础

随着电子技术的发展，汽车电控系统的控制功能越来越多，汽车电路也越来越复杂。读懂汽车电路图，不仅可以了解各电控系统元件的工作原理及它们之间的连接关系，而且对汽车故障诊断和检修也十分重要。在对汽车进行故障诊断或检修时，利用汽车电路图可迅速查找出电控系统元件的安装位置，以便对故障相关线路进行检查，并可避免检修过程中将线路连接错误。因此，正确识读汽车电路图，分析并找出其特点和规律，是进行汽车电路故障诊断与排除以及全面检修的基础。

1. 汽车电路检修的一般程序

汽车电路故障检修的关键是分析、判断故障原因。汽车电路检修的一般程序如下。

（1）验证车主（用户）反映的情况。在详细了解故障现象和故障发生经过的基础上，做必要的验证。在动手拆、测之前，尽可能缩小故障原因的设定范围。

（2）分析电路原理图，弄清电路的工作原理，对问题所在做出推断。对相关线路进行检查，如果相关线路工作正常，说明共同部分没问题，故障仅限于有问题的线路；如果相关的几条线路同时出现故障，故障多半在熔断器或搭铁线上。

（3）重点检查问题集中的线路或部件，通过测试验证前面做出的推断。测试时，先对线路中最有可能出现故障的部位加以测试，且先测试最容易测试的部位。问题一经查明，便可着手进行必要的修理。

（4）在测试的最后，再对线路进行一次检验，验证电路是否恢复正常。

2. 汽车电路检修的基本方法

1）断路的检查

如图1-1所示的配线若有断路故障，可用"检查导通"或"检查电压"的方法来确定断路的位置。

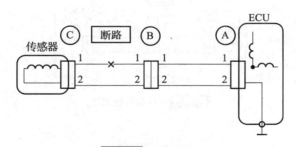

图1-1　断路故障

Ⅰ. 检查导通的方法

（1）脱开插接器A和C，测量它们之间的电阻值，如图1-2所示。若插接器A端子1与插接器C端子1之间的电阻值为无穷大，则它们之间不导通即断路；若插接器A端子2与插接器C端子2之间的电阻值为零，则它们之间导通即无断路，从而检查出在插接器A端子1与插接器C端子1之间有断路。

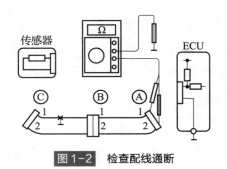

图 1-2　检查配线通断

（2）脱开插接器 B，测量插接器 A 与 B、B 与 C 之间的电阻。若插接器 A 端子 1 与插接器 B 端子 1 之间的电阻为零，则它们之间导通即无断路；若插接器 B 端子 1 与插接器 C 端子 1 之间的电阻为无穷大，则它们之间不导通即断路，从而查出在插接器 B 端子 1 与插接器 C 端子 1 之间有断路。

Ⅱ．检查电压的方法

在 ECU（电子控制单元）插接器端子加有电压的电路中，可用检查导通电压的方法来检查断路故障。如图 1-3 所示，在各插接器接通的情况下，当 ECU 输出端子电压为 5 V 时，依次测量插接器 A 端子 1、插接器 B 端子 1 和插接器 C 端子 1 与车身之间的电压，若插接器 A 端子 1 与车身之间为 -5 V，插接器 B 端子 1 与车身之间为 -5 V，插接器 C 端子 1 与车身之间为 0 V，则可判定在插接器 B 端子 1 与插接器 C 端子 1 之间配线有断路故障。

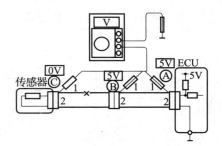

图 1-3　检查导通电压

2）短路的检查

如图 1-4 所示，如果配线有短路搭铁，可通过检查其是否与车身搭铁线导通来判断短路的部位。

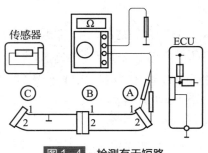

图 1-4　检测有无短路

（1）脱开插接器 C 和 A，测量插接器 A 端子 1 和 2 与车身之间的电阻，如图 1-4 所示。若插接器 A 端子 1 与车身搭铁线之间导通，插接器 A 端子 2 与车身搭铁线之间不导通，则可判断在插接器 A 端子 1 与插接器 C 端子 1 的配线与车身之间有短路搭铁故障。

（2）脱开插接器 B，分别测量插接器 A 端子 1 和插接器 C 端子 1 与车身搭铁线之间的电阻。若插接器 A 端子 1 与车身之间为不导通，插接器 C 端子 1 与车身之间为导通，则可判断在插接器 B 端子 1 与插接器 C 端子 1 的配线与车身之间有短路搭铁故障。

3. 汽车电路检修的注意事项

汽车电路检修的注意事项如下。

（1）拆卸蓄电池时，总是最先拆下负极（-）电缆；装配蓄电池时，总是最后连接负极（-）电缆。拆下或装上蓄电池电缆时，应确保点火开关或其他开关都已断开，否则会导致半导体元器件的损坏。

（2）不允许使用电阻表及万用表的"R×100"以下低阻电阻挡检测小功率晶体管，以免电流过载而造成损坏。更换晶体管时应最先接入基极，拆卸时则应最后拆卸基极。对于金属氧化物半导体（MOS）管，则应当心静电击穿，焊接时应从电源上拔下电烙铁插头。

（3）拆卸和安装元器件时，应切断电源。如无特殊说明，元器件引脚应距焊点 10 mm 以上，以免电烙铁烫坏元器件，且宜使用恒温或功率小于 75 W 的电烙铁。

（4）更换烧坏的熔断器时，应使用相同规格的熔断器，使用比规定容量大的熔断器会导致电器损坏或发生火灾。

（5）靠近振动部件（如发动机）的线束部分应用卡子固定，将松弛部分拉紧，以免由于振动造成线束与其他部件接触、磨损。

（6）与尖锐边缘摩碰的线束部分应用胶带缠起来，以免损坏。安装固定零件时，应确保线束不被夹住或破坏，并应确保插接器接插牢固。

（7）进行保养时，若温度超过 80 ℃（如进行焊接时），应先拆下对温度敏感的零件（如继电器和 ECU）。

此外，现代汽车的许多电子电路出于性能要求和技术保护等多种原因，往往采用不可拆卸的封装方式，如厚膜封装调节器、固封电子电路等，当电路故障可能涉及其内部时，往往难以判断。在这种情况下，一般先从其外围逐一检查排除，最后确定它们是否损坏。有些进口汽车上的电子电路，虽然可以拆卸，但往往缺少同型号可供替换的分立元器件，这就涉及用国产元器件或其他进口元器件替代的可行性问题，切忌盲目代用。

总之，现代汽车电路（特别是电子电路）的检修，除要求检修人员具有一定的实际经验外，还要求其具有一定的电工电子学基础和分析电路原理及使用仪表工具的能力。

任务2　汽车故障诊断与检测设备介绍

在汽车发展的早期，人们主要依靠有经验的维修人员发现汽车的故障并进行有针对性的修理，即过去人们常讲的"看、闻、摸"方式。随着现代科学技术的进步，特别是计算机技术的进步，汽车检测技术飞速发展，目前人们能依靠各种先进的仪器设备对汽车进行不解体检测，而且安全、迅速、可靠。在检测及诊断汽车故障时，常借助一些工具及仪器、仪表，在使用这些工具及仪器、仪表之前，必须仔细阅读有关的使用说明书，详细了解其结构性能及使用注意事项，以便做到测量准确、诊断无误。

1. 跨接线

跨接线是一段专用导线，不同形式的跨接线主要是长度和两端接头不同，如图1-5所示。跨接线两端的接头一般是不同形式的接头或鳄鱼夹，以适用于不同位置的跨接，其作用主要是用于电路故障诊断。当电器部件不工作时，可将跨接线跨接在被测部件"搭铁"端子与车身搭铁之间，若此时部件工作，说明其搭铁线路断路；同理，将跨接线跨接在蓄电池"正"极与被测部件的"电源"端子之间，若此时部件工作，说明其电源电路有故障（短路或断路），如部件仍不工作，说明部件本身有故障，应予以更换。

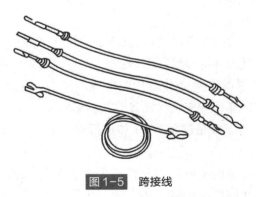

图1-5　跨接线

此外，在调取某些汽车故障码时，也需使用专用跨接线跨接在诊断座的相应端子上。

使用跨接线时应注意以下两点。

（1）用跨接线将蓄电池"正"极跨接到被测部件的"电源"端子之前，必须先确认被测部件的规定电源电压值。若将12 V电源直接加在被测部件上，可能导致其损坏。

（2）不要用跨接线将被测部件的"电源"端子直接搭铁，以免导致电源短路。

2. 测试灯

测试灯实际上是带导线的"电笔",又称测试笔,其主要作用是检查系统电源电路是否给电器部件供电,检查电器部件是否短路或断路。测试灯带有显示电路通断的指示灯,对电路进行检测,根据指示灯的亮度还可判断被测电路的电压。测试灯可分为无电源测试灯和自带电源测试灯两种。

1) 无电源测试灯

无电源测试灯如图1-6所示。检查时,可先将测试灯的搭铁夹搭铁,再用探针接触"电源"端子,若灯不亮,说明被测电路有断路故障,可沿电流的流向继续依次选择测点进行检查,直到灯亮为止,此时可判定电路的断路点在最后两个测点之间。若怀疑某电路短路,可将测试灯跨接在熔丝处,然后依次断开被测线路中的线束插接器,直到灯熄灭为止,短路故障即发生在最后两个断开的线束插接器之间。

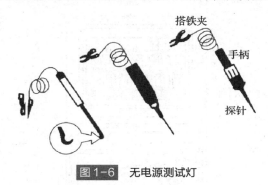

图1-6 无电源测试灯

2) 自带电源测试灯

自带电源测试灯在手柄内加装两节1.5 V干电池,主要用于检测电路断路故障,如图1-7所示。检查时,先将自带电源测试灯跨接在被测线路的两端,若灯不亮,说明被测线路有断路故障,然后依次选择适当测点,移动探针(或探头)缩小测试范围,直到灯亮为止,则断路点在最后两个测点之间。

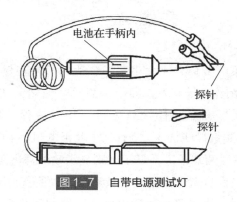

图1-7 自带电源测试灯

3. 万用表

万用表主要用来测量电阻、电压、电流等参数，以此判断电路的通断和电器元件的技术状况。万用表可分为指针式万用表和数字式万用表两种。在汽车电控系统中，大多数电路都具有高电阻、低电压、低电流特征，因此在实际的故障诊断与检测过程中，除维修手册有特别规定外，必须使用高阻抗数字式万用表进行测试。

1) 数字式万用表

数字式万用表（图1-8）采用数字化测量技术和液晶显示器（LCD）显示，具有测量准确度高、测量范围广、测量速率快、输入阻抗高、抗干扰能力强、读数容易等优点，在汽车故障诊断与检测中应用广泛。数字式万用表除可以用来检测电阻（Ω）、交直流电压（V）和电流（A）外，有些还具有测试脉冲、频率和振幅等功能。

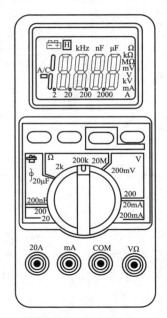

图1-8　数字式万用表

使用数字式万用表应注意以下事项。

（1）根据被测量对象性质和数值大小选择合适的挡位和量程，将测量导线插入相应的"插孔"中。如测量喷油器电阻，即使是高阻喷油器，其电阻值也不超过20Ω，所以将万用表"挡位开关"拧到电阻"Ω"的"2k"量程，并将黑色测量导线插入"COM"插孔中，将红色测量导线插入"VΩ"（电压电阻）插孔中，再将红色和黑色测量导线测针连接到喷油器两端子上，显示屏则显示喷油器电阻值。

（2）选择量程时，最好从低到高逐级进行选择，以便获得准确的测量数据。

（3）严禁在电控元器件或电路处于通电状态时测量其电阻，以免外部电流流入数字式万用表而将其损坏。

2) 汽车万用表

汽车万用表也是一种数字式万用表，它除具有数字式万用表的功能外，还具有一些汽车专用测试功能。汽车万用表除可用来测量电控元器件和电路的电阻、电压、电流外，一般还能测量转速、闭合角、频宽比（占空比）、频率、压力、时间、电容、温度、半导体元件性能等，并具有自动断电、量程自动变换、波形显示、峰值保留和数据锁定等功能。

常用的汽车万用表有 EDA 系列、OTC 系列、KM300 型、迪威 9406A 型等。如图 1-9 所示，汽车万用表主要由数字及模拟量显示屏、功能按钮、选择开关、温度测量插孔、公用插孔（用于测量电压、电阻、频率、闭合角、频宽比和转速等）、搭铁插孔、电流测量插孔等构成。汽车万用表的使用方法如下。

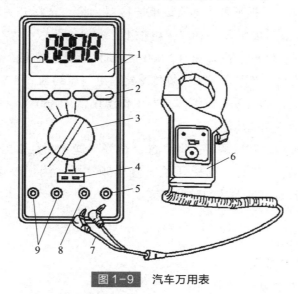

图 1-9　汽车万用表

1—数字及模拟量显示屏；2—功能按钮；3—选择开关；
4—温度测量插孔；5—公用插孔；6—霍尔式电流传感夹；
7—霍尔式电流传感夹引线插头；8—搭铁插孔；9—电流测量插孔

(1) 信号频率测试：将"选择开关"置于频率（Freq）挡，黑线（自汽车万用表搭铁插孔引出）搭铁，红线（自汽车万用表公用插孔引出）接被测信号线，显示屏即显示被测频率。

(2) 温度检测：将"选择开关"置于温度（Temp）挡，按下功能按钮"℃/℉"，黑线搭铁，探针线插头端插入汽车万用表温度测量插孔，探针端接触被测物体，显示屏即显示被测温度。

(3) 点火线圈初级电路闭合角检测：将"选择开关"置于闭合角（Dwell）挡，黑线搭铁，红线接点火线圈负接线柱，发动机运转，显示屏即显示点火线圈初级电路闭合角。

(4) 频宽比测量：将"选择开关"置于频宽比（DutyCycle）挡，红线接电路信号，黑线搭铁，发动机运转，显示屏即显示脉冲信号的频宽比。

(5) 转速测量：将"选择开关"置于转速（RPM）挡，转速测量专用插头插入搭铁插孔与公用插孔中，感应式转速传感器（汽车万用表附件）夹在某一缸点火高压线上，发动机运转，显示屏即显示发动机转速。

(6) 起动机起动电流测量：将"选择开关"置于400 mV挡（1 mV相当于1 A的电流，即用测量电流传感器电压的方法来测量起动机起动电流），把霍尔式电流传感夹夹到蓄电池线上，其引线插头插入电流测量插孔中，按下"最小/最大"功能按钮，然后拆下点火高压线，用起动机转动曲轴2~3 s，显示屏即显示起动电流。

(7) 氧传感器测试：拆下氧传感器线束插接器，将"选择开关"置于4 V挡，按下DC功能按钮，使显示屏显示"DC"，再按下"最小/最大"功能按钮，黑线搭铁，红线与氧传感器相连；然后以快怠速（2 000 r/min）运转发动机，使氧传感器工作温度达360 ℃以上。此时，如混合气浓，氧传感器输出电压约为0.8 V；如混合气稀，氧传感器输出电压为0.1~0.2 V。当氧传感器工作温度低于360 ℃（发动机处于开环工作状态）时，氧传感器无电压输出。

(8) 喷油器喷油脉冲宽度测量：将"选择开关"置于频宽比挡，测出喷油器工作脉冲频率的频宽比后，再把"选择开关"置于频率挡，测出喷油器工作脉冲频率（Hz），然后按下式计算喷油器喷油脉冲宽度：

$$S_p = \eta / f_p$$

式中　S_p——喷油脉冲宽度（s）；

　　　η——频宽比（%）；

　　　f_p——喷油频率（Hz）。

4. 汽车解码仪

1) 解码仪的功能

汽车解码仪（也称故障诊断仪，图1-10）是车辆维修的重要工具，一般有以下几项功能：

(1) 读取故障码；

(2) 清除故障码；

(3) 读取发动机动态数据流；

(4) 示波功能；

(5) 元件动作测试；

(6) 匹配、设定和编码等功能；

(7) 英汉词典、计算器及其他辅助功能。

图 1-10　汽车解码仪

2) 解码仪的工作原理

(1) 通过 CAN（控制局域网）、LIN（局域互联网）通信模块可以实现与车载各电子控制装置 ECU 之间的对话，传送故障代码以及发动机的状态信息。

(2) 通过液晶显示器来显示汽车运行的状态数据及故障信息。

(3) 通过键盘电路来执行不同的诊断功能。

3) 解码仪的故障诊断过程

解码仪的故障诊断过程如图 1-11 所示，具体如下：

图 1-11　解码仪的故障诊断过程

（1）在车上找到诊断座；

（2）选用相应的诊断接口；

（3）根据车型，进入相应诊断系统；

（4）读取故障码；

（5）查看发动机动态数据流；

（6）诊断维修之后清除故障码。

练习与思考题

1. 简述汽车检测与故障诊断的作用和方法。
2. 现代汽车电气线路的特点是什么？
3. 电路检测的基本方法有哪些？
4. 简述故障诊断仪 X431 的结构与使用方法。

项目二
汽车发动机管理系统故障诊断

任务 1　起动机不运转故障诊断

📎 任务描述

一辆迈腾 B8 轿车，起动发动机时起动机不运转，发动机无法起动。请对该车辆进行维修，并填写诊断报告。

📎 任务分析

要完成该故障的诊断与排除，需要具备如下的知识和技能。

一、相关知识

1. 迈腾 B8 轿车起动系统的工作原理

迈腾 B8 发动机起动系统电路如图 2-1 所示。在发动机控制单元 J623 工作正常的情况下，其接收到正常的挡位信号、制动信号和起动请求信号后，J623 会通过 T91/87 给

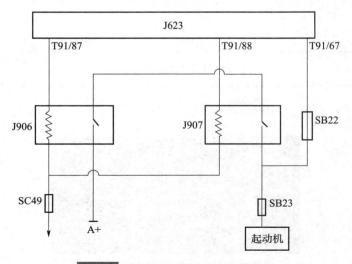

图 2-1　迈腾 B8 发动机起动系统电路

起动继电器 1（J906）的控制线圈提供搭铁信号，通过 T91/88 给起动继电器 2（J907）的控制线圈提供搭铁信号，使两个继电器同时闭合，这样起动机就会接收到控制信号，从而使起动机运转，同时发动机控制单元 J623 可以通过 T91/67 得到有关起动机控制的反馈信号，并通过发动机转速传感器检测到发动机转动的信号，当发动机控制单元 J623 判断发动机起动成功后，会切断两个起动继电器 J906、J907 的控制电路，起动机停止运转。

2. 起动机正常运转的条件

在发动机控制单元 J623、双离合变速箱控制单元 J743 等控制单元自身工作正常及驱动 CAN-BUS 系统工作正常的情况下，需要首先满足以下三个条件起动机才可以正常运转。

（1）踩下制动踏板，制动信号灯开关 F（图 2-2）会通过 T4gk/3 到 T91/37 和 T4gk/1 到 T91/60 两条线路，把制动信号灯开关信号传递给发动机控制单元 J623，同时 J623 还会将此制动信号经驱动 CAN 总线→数据总线诊断接口 J533→舒适 CAN 总线传递给组合仪表控制单元 J285，此时观察仪表（图 2-3），制动指示灯会熄灭；同时 J623 还会将制动信号经驱动 CAN 总线→J533→舒适 CAN 总线传递给车载电网控制单元 J519，J519 会给制动指示灯供电，使制动指示灯点亮。

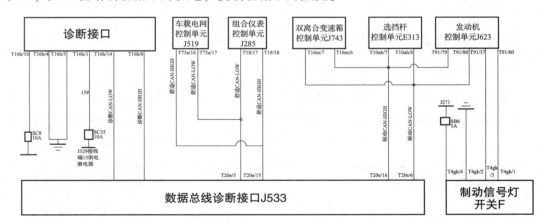

图 2-2　迈腾 B8 制动信号传递电路

图 2-3　迈腾 B8 仪表

（2）变速杆要在 P 挡或 N 挡，发动机才能正常起动，挡位信号传递的路径是从选挡杆控制单元 E313 经过驱动 CAN 总线传递给双离合变速箱控制单元 J743，J743 收到 P 挡或 N 挡的信号后，会经 T16m/2 到 T91/62 和 T16m/4 到 T105/8 两条线路给发动机控制单元 J623 发送起动许可信号，同时 E313 和 J623 都会将挡位信号经驱动 CAN 总线→J533→CAN 总线传递给组合仪表控制单元 J285，仪表上的挡位显示和实际变速杆位置一致，如图 2-4 所示。

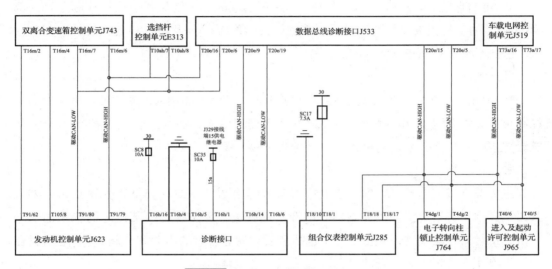

图 2-4　迈腾 B8 挡位信号传递电路

（3）按下一键起动按钮 E378，信号会发送给进入及起动许可控制单元 J965，J965 再通过其端子 T40/15 至 J623 的 T91/68 端子的线路，向 J623 发出起动请求信号；如果此信号异常，将导致起动机不能运转，如图 2-5 所示。

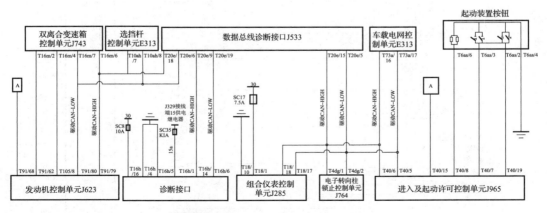

图 2-5　迈腾 B8 起动请求信号传递电路

3. 发动机控制单元 J623 正常工作的条件

1) 发动机控制单元电源电路正常

结合发动机控制单元的供电电路（图2-6），可以看出发动机控制单元电源主要有三条供电电路，J623 经 T91/1、T91/2 的搭铁电路要正常，这三条供电电路分别如下。

Ⅰ. 30#电

30#电由保险 SB17（7.5 A）提供，如果其出现故障，将导致发动机控制单元内部 RAM 存储的信息丢失，如故障代码、节气门的匹配参数、发动机和变速器的匹配参数等，造成发动机控制单元无法正常工作。

Ⅱ. 15#电

15#电由车载电网控制单元 J519 端子 T73a/14 提供，如果其出现故障，由于发动机控制单元无法获得 15#电信号，将导致发动机控制单元无法与组合仪表控制单元 J285 进行防盗信息交换，使发动机控制单元无法正常工作。

Ⅲ. 主电源

主电源通过蓄电池正极到主继电器 J271 触点，经由 SB3（15 A）保险提供，如果其出现异常，将造成发动机控制单元电源功率丧失，无法执行内部设定的传感器信号分析、执行器功能控制等操作，其中包括造成喷油器、燃油压力调节阀 N276 等执行器因无供电而不工作，导致发动机无法起动。

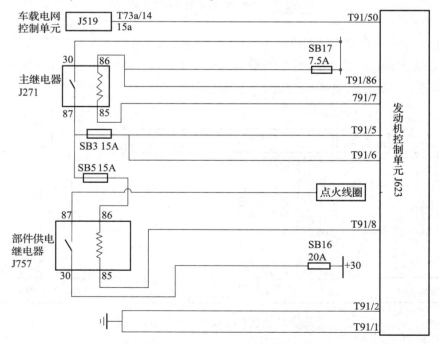

图2-6　发动机控制单元的供电电路

2) CAN-BUS 工作正常

如果 J623 相关 CAN-BUS 系统局部故障，会导致 J623 无法正常通信。此时，可利用故障诊断仪读取 CAN-BUS 系统故障，故障诊断仪会显示"发动机无法进入"。

3) 发动机控制单元自身正常

在确定相关元器件或电路都正常的情况下，如果 J623 还无法正常工作，只能通过更换匹配发动机模块进行试验。

如果因为以上情况不正常导致发动机控制单元 J623 不能正常工作，会导致打开点火开关后仪表（图2-3）的 EPC 灯一直不亮，起动发动机，起动机不转。

4. 双离合变速箱控制单元 J743 正常工作的条件

1) 双离合变速箱控制单元 J743 电源电路正常

结合 J743 电源供给电路，可以看出 J743 电源主要由两条线路供电。

Ⅰ. 30#电

30#电由保险 SB13 提供，如果其出现故障，将导致 J743 无法向 J623 传递正常的挡位信号等，造成起动机无法运转。

Ⅱ. 15#电

15#电由车载电网控制单元 J519 端子 T73a/14 提供，如果其出现故障，由于 J743 无法获得 15#电信号，将导致 J743 无法与组合仪表控制单元 J285 进行防盗信息交换，使 J743 无法正常工作。

2) CAN-BUS 工作正常

如果 J743 相关 CAN-BUS 系统局部故障，会导致 J743 无法正常通信，此时利用故障诊断仪读取 CAN-BUS 系统故障，故障诊断仪会显示"双离合变速器机电装置故障"等。

3) J743 自身正常

在确定相关元件或电路都正常的情况下，如果 J743 还无法正常工作，只能通过更换和匹配双离合变速器机电装置进行试验。

如果因为以上情况不正常导致双离合变速箱控制单元 J743 不能正常工作，会导致打开点火开关后仪表（图2-3）的制动指示灯一直不亮，起动发动机，起动机不转。

5. 驻车防盗系统的结构与原理

迈腾 B8 起动机运行的首要条件是需要经过车身防盗系统确认当前钥匙是否已授权，如果验证钥匙已授权，则将接通 15#电以及解除发动机防盗，同时发动机控制单元 J623 将点火和燃油限制解除（图2-7），具体过程如下。

按下一键起动按钮 E378，进入及起动许可控制单元 J965 开始处理信号并唤醒 J519 及舒适 CAN 总线系统，并通过舒适 CAN 总线查询防盗锁止系统控制单元（J285 内部）

是否允许接通15#电。防盗锁止系统控制单元（J285 内部）会查询车内是否有授权钥匙，进入及起动许可控制单元 J965 通过车内天线发送一个查询码（125 kHz 低频信号）给已匹配的钥匙，授权钥匙识别到该信号后进行编码并向 J519 返回一个应答器数据（433 MHz 高频信号），J519 将该数据经舒适 CAN 总线转发给防盗锁止系统控制单元（J285 内部），防盗锁止系统控制单元（J285 内部）通过比对确认是否为已授权钥匙。如果为授权钥匙，则防盗锁止系统控制单元（J285 内部）通过舒适 CAN 总线向电子转向柱锁止控制单元 J764 发送一个解锁命令，以打开电子转向柱（方向盘可以转动），防盗锁止系统控制单元（J285 内部）收到方向盘解锁信号后，向 J965 发出允许接通 15#电的信息，J965 收到信息后，再通过其端子 T40/40 至 J519 的 T73a/54 端子的线路向 J519 发送 S 触点信号，通过其端子 T40/35 至 J519 的 T73a/47 端子的线路和 T40/27 至 J519 的 T73a/44 端子的线路，J519 发出 15#电请求信号，J519 收到信号后，一方面通过 CAN 线点亮仪表等，另一方面向 J329 继电器电磁线圈提供电源，使 J329 继电器工作并为部分用电设备提供电源，向 J623 和 J743 等驱动系统控制单元提供 15#电信号，J623 控制单元收到 15#电信号后会通过驱动 CAN 总线、J533、舒适 CAN 总线和 J285 内的防盗锁止系统控制单元进行身份信息交换和验证，验证通过后 J623 就会进入工作状态，仪表上的 EPC 灯会点亮，J743 控制单元收到 15#电信号后会通过驱动 CAN 总线、J533、舒适 CAN 总线和 J285 内的防盗锁止系统控制单元进行身份信息交换和验证，验证通过后 J743 就会进入工作状态，仪表上的制动指示灯会点亮（图2-3）。

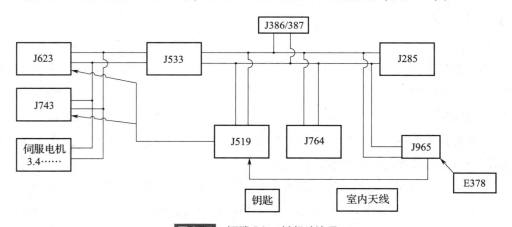

图2-7 迈腾 B8 一键起动流程

二、相关技能

（1）万用表、示波器、故障诊断仪等常见设备的使用。

（2）维修资料的查阅、电路原理图的识读和分析。

（3）常见故障的诊断与排除。

（4）6S 管理和操作。

诊断流程分析

从发动机起动系统电路图（图 2-1）可以看出，系统通过 J906、J907 和保险 SB23（30 A）给起动机供电，起动机自身搭铁。如果该系统出现故障，将会造成起动机不能运转。

一、起动机电磁开关控制线路故障的诊断与排除

1. 故障现象

具体故障现象如下：
(1) 打开点火开关，仪表点亮；
(2) 打开点火开关，EPC 灯正常点亮；
(3) 踩下制动踏板，制动指示灯显示正常；
(4) 起动发动机，手摸起动继电器 J906、J907 有触点吸合的振动；
(5) 起动发动机，起动机不运行，起动机内无触点吸合的声音。

2. 故障分析

(1) 故障现象"打开点火开关，仪表点亮"说明：一键起动按钮 E378 到进入及起动许可控制单元 J965，J965 通过唤醒线唤醒 J519，同时通过舒适 CAN 总线→组合仪表控制单元 J285→J965 通过天线→钥匙→J519 通过舒适 CAN 总线→J285 通过舒适 CAN 总线→J764 通过舒适 CAN 总线→J285 通过舒适 CAN 总线→J965 通过 s#和两个 15#电请求线→J519 信号传递正常，且 J519 能够通过舒适 CAN 总线点亮仪表。

(2) 故障现象"打开点火开关，EPC 灯正常点亮"说明：打开点火开关后，J623 的 30#电供电电压正常、15#电供电电压正常、搭铁正常，且 J623 通过驱动 CAN 总线→J533 通过舒适 CAN 总线→J285 信息传递正常。

(3) 故障现象"踩下制动踏板，制动指示灯显示正常"说明：制动灯开关→J623 通过驱动 CAN 总线→J533 通过舒适 CAN 总线→J285 信息传递正常，且 J743 的防盗信息已经验证通过。

(4) 故障现象"起动发动机，手摸起动继电器 J906、J907 有触点吸合的振动"说明：起动机起动条件已经满足，并且 J623 对起动继电器 J906、J907 发出了正常控制信号。

(5) 故障现象"起动发动机，起动机不运行，起动机内无触点吸合的声音"说明：起动机没有工作。

综上所述，造成以上故障现象的可能原因有：
(1) 起动机自身故障；
(2) 起动机供电线路故障；
(3) 起动机控制线路故障。

3. 诊断思路

1）读取故障码

起动发动机，利用故障诊断仪在发动机控制单元 J623 中读取故障码，如图 2－8 所示。

002: 0001 - 发动机电控系统 (UDS / ISOTP / 3VD906259A / 000

故障代码	SAE 代码	故障文本
03BB2 [15282]	P305400	起动机不能转动，机械卡死或电气故障 (Starter does not turn Mechanically b

图 2-8 起动系统故障码

故障码为 P305400，故障码定义为“起动机不能转动，机械卡死或电气故障”。该故障码是在发动机控制单元 J623 通过 T91/67 端子接收到正常的起动反馈信号，而 J623 没有接收到发动机曲轴和凸轮轴位置传感器 G28 和 G300、G40 发出的发动机转动的信号的情况下形成的故障记忆，结合故障现象（发动机确实没有转动），可能的故障原因有：

（1）起动机自身故障；

（2）起动机接地及供电线路故障；

（3）SB23 及相关线路故障。

2）读取起动数据流

从打开点火开关到起动发动机，在发动机控制单元 J623 读取起动数据流，打开点火开关时，起动相关数据流如图 2－9 所示。

测量值 － 显示测量值

测量值名称	RDID	值
起动机控制，继电器1	$2077	00
起动机控制，继电器2	$2078	00
起动请求，端子50测量-返回	$2079	01
起动请求，端子50	$2075	未激活

图 2-9 打开点火开关时起动相关数据流

起动发动机时，起动相关数据流如图 2－10 所示。

测量值 － 显示测量值

测量值名称	RDID	值
起动机控制，继电器1	$2077	01
起动机控制，继电器2	$2078	01
起动请求，端子50测量-返回	$2079	00
起动请求，端子50	$2075	激活

图 2-10 起动发动机时起动相关数据流

1区50请求正常，2区50反馈正常，3区J906接通，4区J907接通。由上述数据可知，J623已经接收到由J965发出的50请求信号，并且发出了针对J906和J907的控制信号，J623也接收到了正常的起动反馈信号，说明故障应出在起动机及其相关线路上。

3）测量起动机的TIV端子对地电压

在起动发动机的过程中，利用数字式万用表测量起动机的TIV端子对地电压，可以采用跨接线或无损探针背插插接器的方法测量，如图2-11所示。正常情况下，该端子的电压应从打开点火开关时的0 V切换到起动时的+B（即蓄电池电压或发电机发电电压），否则说明系统存在故障。

实测结果为该端子电压始终为0 V，故障可能原因有：

(1) TIV端子至SB23线路故障；

(2) SB23自身故障；

(3) SB23上游线路故障。

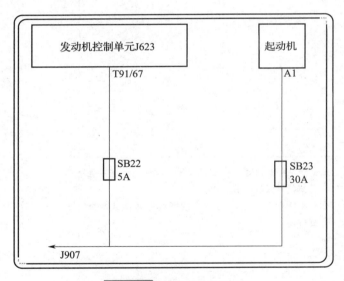

图2-11　起动机控制电路

4）测量SB23两端对地电压

在起动发动机的过程中，利用数字式万用表分别测量SB23两端对地电压，实测电压一端为+B，另一端为0 V，说明SB23断路。拔下SB23，测量其下游对地电阻为1.5 Ω，说明SB23下游未发生对地短路现象。更换同种规格的保险丝后故障排除。

起动机电磁开关控制线路故障诊断学生考核报告表见表2-1。

表 2-1　起动机电磁开关控制线路故障诊断学生考核报告表

		配分	扣分	判罚依据
故障现象描述				
可能的故障原因				
故障点和故障类型确认 (同时需要在维修手册上指出故障位置)	※注明测试条件、插件代码和编号、控制单元针脚代号以及测量结果； ※在电路图上指出最小故障线路范围或故障部件			

二、起动 50 请求信号线路断路故障的诊断与排除

1. 故障现象

具体故障现象如下：

（1）打开点火开关，仪表点亮；

（2）打开点火开关，EPC 灯正常点亮；

（3）踩下制动踏板，制动指示灯显示正常；

（4）起动发动机，手摸起动继电器 J906、J907 没有触点吸合的振动；

（5）起动发动机，起动机不运行，起动机内无触点吸合的声音。

2. 故障分析

（1）故障现象"打开点火开关，仪表点亮"说明：一键起动按钮 E378 到进入及起动许可控制单元 J965，J965 通过唤醒线唤醒 J519，同时通过舒适 CAN 总线→组合仪表控制单元 J285→J965 通过天线→钥匙→J519 通过舒适 CAN 总线→J285 通过舒适 CAN 总线→J764 通过舒适 CAN 总线→J285 通过舒适 CAN 总线→J965 通过 s#和两个 15#电请求线→J519 信号传递正常，且 J519 能够通过舒适 CAN 总线点亮仪表。

（2）故障现象"打开点火开关，EPC 灯正常点亮"说明：打开点火开关后，J623 的 30#电供电电压正常、15#电供电电压正常、搭铁正常，且 J623 通过驱动 CAN 总线→J533 通过舒适 CAN 总线→J285 信息传递正常。

（3）故障现象"踩下制动踏板，制动指示灯显示正常"说明：制动灯开关→J623 通过驱动 CAN 总线→J533 通过舒适 CAN 总线→J285 信息传递正常，且 J743 的防盗信息已经验证通过。

（4）故障现象"起动发动机，手摸起动继电器 J906、J907 没有触点吸合的振动"说明：可能起动机起动条件不满足，J623 没有对起动继电器 J906、J907 发出正常控制信号，也可能是起动继电器 J906、J907 存在供电或相关电路故障。

（5）故障现象"起动发动机，起动机不运行，起动机内无触点吸合的声音"说明：可能是起动机及相关电路发生故障。

综上所述，造成以上故障现象的可能原因有：

（1）起动机自身及相关电路故障；

（2）起动机运转条件不满足。

相关原理图如图 2-12 所示。

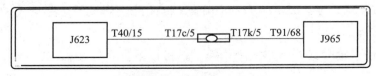

图 2-12　起动请求电路

3. 诊断思路

1) 读取故障码

打开点火开关，起动发动机，利用故障诊断仪在发动机控制单元 J623 中读取故障码，无相关故障码。

2) 读取起动数据流

按下一键起动按钮 E378 时读取发动机控制单元 J623 内与发动机起动相关的数据流，如图 2-13 所示。

测量值名称	RDID	值
起动机控制，继电器1	$2077	00
起动机控制，继电器2	$2078	00
起动请求，端子50测量-返回	$2079	01
起动请求，端子50	$2075	未激活

图 2-13 起动相关数据流

测试结果显示，当按下 E378 时 J623 未收到起动 50 请求信号，而按下 E378 后方向盘解锁，仪表点亮，说明 J965 收到了 E378 的信号。造成 J623 未收到起动 50 请求信号的可能原因如下：

(1) J623 自身故障；

(2) J623 的 T40/15 端子与 J965 的 T91/68 端子之间的线路故障；

(3) J965 自身故障。

3) 测量 J623 端的 50 请求信号

按下 E378，利用数字式万用表测量 J623 的 T40/15 端子对地电压，实际测量电压为 0 V，电压应该为 +B，说明发动机控制单元 J623 没有收到起动请求信号，可能原因如下：

(1) J623 的 T40/15 端子与 J965 的 T91/68 端子之间的线路故障；

(2) J965 自身故障。

4) 测量 J965 端的起动请求信号输出

按下 E378，利用数字式万用表测量 J965 的 T91/68 端子对地电压，实际测量电压为 12 V，电压应该为 +B，说明 J965 发出了起动 50 请求信号。J623 的 T40/15 端子与 J965 的 T91/68 端子之间存在 12 V 的压差，测量此导线电阻为无穷大，说明 J623 的 T40/15 端子与 J965 的 T91/68 端子之间断路。修复后，起动发动机，起动机运转，故障排除。

起动 50 请求信号线路断路故障诊断学生考核报告表见表 2-2。

表2-2 起动50请求信号线路断路故障诊断学生考核报告表

		配分	扣分	判罚依据
故障现象描述				
可能的故障原因				
故障点和故障类型确认 (同时需要在维修手册上指出故障位置)	※注明测试条件、插件代码和编号、控制单元针脚代号以及测量结果； ※在电路图上指出最小故障线路范围或故障部件			

任务 2　起动机运转正常而发动机无法起动故障诊断

任务描述

一辆迈腾 B8 轿车，起动发动机时，起动机运转正常，但无任何着车征兆；起动发动机时，起动机运转正常，但起动后熄火（有逐渐熄火，也有突然熄火；有熄火后可再次起动，也有熄火后不能再次起动）。请对该车辆进行维修，并填写诊断报告。

任务分析

要完成该故障的诊断与排除，需要具备如下的知识和技能。

一、相关知识

发动机控制单元 J623 接收 15#电信号后会与 J285 内的防盗锁止系统控制单元进行身份信息交换和验证，J623 身份信息认证通过后，J623 会进入工作状态，同时会解除点火和燃油限制。

在起动过程中，起动机带动发动机曲轴转动，再通过正时链条带动凸轮轴转动。曲轴和两个凸轮轴会带动曲轴位置传感器 G28 和两个凸轮轴位置传感器 G40、G300 的信号轮转动，G28 将曲轴位置以及转速信号输送至发动机控制单元 J623，用以控制喷油脉冲宽度、点火正时、怠速转速和汽油泵运转；G40 和 G300 将凸轮轴位置以及转速信号输送至发动机控制单元 J623，用以确定气缸顺序，发动机控制单元 J623 通过比较两组位置信号，确定曲轴转角和气缸上止点位置，并控制喷油和点火系统的工作。如图 2-14 所示为曲轴位置传感器、凸轮轴位置传感器与发动机控制单元 J623 之间的连接电路。

曲轴位置传感器 G28 采用霍尔式结构，由 J623 的 T105/35 端子供给电源（5 V）至传感器的 T3m/1 端子，通过传感器的 T3m/3 端子至 J623 的 T105/77 端子线路搭铁构成回路，J623 通过 T105/70 端子提供信号线 5 V 参考电压，发动机转动时，曲轴位置传感器 G28 通过 T3m/2 端子输出周期性的搭铁信号，并和 J623 提供的 5 V 参考电压形成周期性的方波信号，其就是发动机的转速和曲轴位置信号，传递给发动机控制单元 J623。同理，凸轮轴位置传感器 G40 和 G300 的工作原理类似于曲轴位置传感器 G28。

通过试验发现，如果发动机接收不到曲轴位置传感器、两个凸轮轴位置传感器中任意一个传感器的信号，发动机控制单元将使用另一个传感器信号进行代替，按预先设定的程序确定和控制点火、喷油正时，发动机还可以起动。如果两个转速传感器信号同时出现故障（G300 和 G28 同时出现故障或者 G300 和 G40 同时出现故障），将导致发动机无法起动。

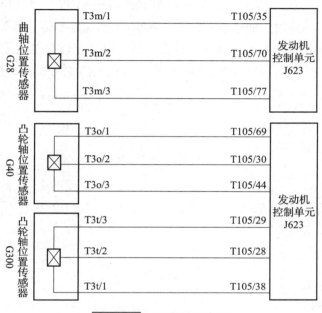

图 2-14　转速传感器电路

在起动发动机和发动机运行过程中，发动机控制单元 J623 接收到曲轴、凸轮轴的转速信号和低压燃油压力传感器 G410 的油压等信号后，会以 PWM（脉宽调制）形式将信息传至燃油泵控制单元 J538，燃油泵控制单元 J538 会根据 J623 的信号，以 PWM 形式控制燃油泵 G6 以合适的速度运行，使燃油系统建立和保持合理的油压，电路图如图 2-15 所示。

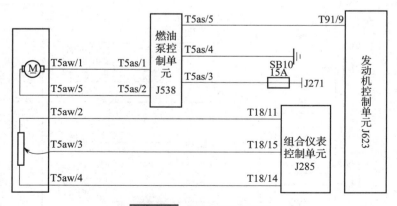

图 2-15　燃油泵控制电路

而当打开点火开关时，如果低压燃油压力传感器 G410 传递给 J623 的油压信号低于目标值，J623 会使 J538 驱动 G6 以合适的速度运行，以便使燃油系统尽快建立合适的油压。

发动机控制单元 J623 根据当前的冷却液温度、进气温度、进气流量（进气压力传感器、节气门位置传感器、加速踏板位置传感器）、燃油压力传感器等参数，在控制单元预先设定的喷油量基础上进行修正，将修正好的喷油量转化为占空比信号控制喷油器电磁线圈动作，使合适压力的燃油喷入燃烧室，电路图如图 2-16 所示。

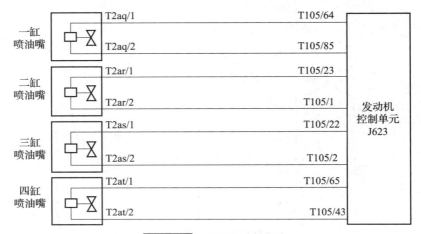

图 2-16　喷油器控制电路

发动机控制单元 J263 根据输入的凸轮轴位置以及曲轴位置确定点火正时，并将此点火信号转化为占空比信号输出至独立点火线圈内的大功率管，大功率管断开初级线圈至发动机缸体上的搭铁线路，并在断开初级线圈瞬间，在次级绕组上产生感应电动势，高压电动势通过火花塞电极在气缸内放电，点燃气缸内的混合气，推动活塞往复运行，再通过曲轴转化成圆周运动，发动机起动，电路图如图 2-17 所示。

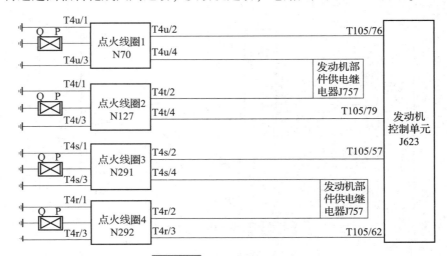

图 2-17　点火线圈控制电路

点火线圈的电源来自发动机部件供电继电器 J757，而 J757 的控制线圈电源通过 SB5 保险丝来自主继电器 J271，J757 的触点供电来自 SB16，如果此相关电路有故障，会导致起动发动机时所有点火线圈不工作，火花塞不点火，发动机无法起动，电路图如图 2-18 所示。

发动机上的一些执行元件，如高压喷油器、燃油压力调节阀等是由 J623 直接控制供电和搭铁的，这部分电源是由主继电器 J271 经 SB3 提供给 J623 的 T91/5、T91/6 端子，再经 J623 的升压和脉宽控制等来控制喷油器和燃油压力电磁阀等的开度和开启时间，如果此主供电电路出现故障，会导致所有相关执行元件不工作，其中所有高压喷油器不工作会导致发动机无法起动，电路图如图 2-18 所示。

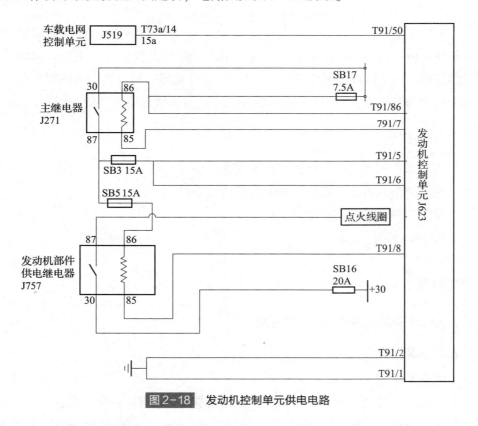

图 2-18　发动机控制单元供电电路

电子节气门是通过 J623 接收加速踏板位置传感器的信号来控制节气门开度大小，在起动发动机的过程中，同时把加速踏板踩到底，J623 会起动清除溢流功能，也就是说在这个时候高压喷油器不喷油，节气门全打开，气缸内的溢流油就会被空气大部分带走，不至于因为气缸内混合气过浓而造成发动机无法起动。如果因为加速踏板位置传感器的信号错误反映加速踏板踩到底，导致起动发动机时 J623 起动清除溢流功能，会导致高压喷油器不工作，从而使发动机无法起动，电路图如图 2-19 所示。

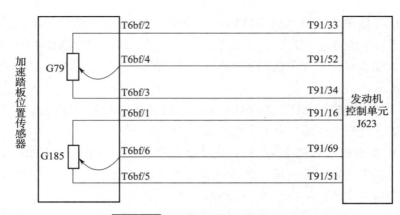

图2-19 加速踏板位置传感器电路

如果发动机接收不到冷却液温度、进气温度、进气流量（进气压力传感器、节气门位置传感器、加速踏板位置传感器）、燃油压力传感器信号，发动机将根据预先设定的喷油量精确地进行喷油控制，并根据预先设定的点火修正值进行点火控制。

二、相关技能

（1）万用表、示波器、故障诊断仪等常见设备的使用。
（2）维修资料的查阅、电路原理图的识读和分析。
（3）常见故障的诊断与排除。
（4）6S 管理和操作。

诊断流程分析

一、SB16 断路故障的诊断与修复

1. 故障现象

具体故障现象如下：

（1）打开点火开关，仪表显示正常，有时能听到燃油泵运行的声音；
（2）起动发动机，起动机运转正常，但无任何着车征兆，能听到燃油泵运行的声音。

2. 故障分析

故障现象说明气缸内没有任何混合气燃烧的迹象，原因可能有：①点火系统故障；②燃油系统故障；③进、排气系统故障；④控制系统故障；⑤机械系统故障。

故障现象中打开点火开关有时能听到燃油泵运行的声音，有时燃油泵不运行，这要看燃油泵是否满足运行条件，如果低压燃油压力传感器 G410 传递给 J623 的油压信号低于目标值，燃油泵控制单元 J538 会驱动燃油泵 G6 运行，否则 G6 不运行。

3. 诊断思路

1) 读取故障码

打开点火开关,利用故障诊断仪在发动机控制单元 J623 中读取故障码,无相关故障码,只能围绕气缸内没有混合气燃烧进行诊断,在没有严重机械系统故障的前提下,通常造成混合气不燃烧的主要原因有:

(1) 点火系统故障;

(2) 燃油系统故障;

(3) 进排气系统故障;

(4) 控制系统故障。

2) 读取燃油系统压力

在起动过程中,利用故障诊断仪在发动机控制单元 J623 中读取油压数据流,如图 2-20 所示。

测量值名称	RDID	值
燃油低压,实际值	$2025	5.196 bar
燃油高压,实际值	$2027	176.8 bar

图 2-20　燃油压力数据流

测量值显示,燃油低压实际值在 5 bar 左右 (1 bar = 100 kPa),燃油高压实际值在 180 bar 左右,说明燃油压力正常。

3) 检查喷油器的工作情况

起动发动机时,用示波器测量喷油器两个端子之间的波形,可以测得如图 2-21 所示的脉冲波形,说明喷油器工作正常。

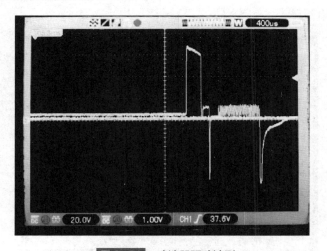

图 2-21　喷油器驱动波形

结合故障现象，下一步测量点火线圈的公共供电或者公共搭铁，由于继电器 J757 给所有点火模块供电，为检测方便，可以从继电器 J757 的输出端开始检测，电路图如图 2-22 所示。

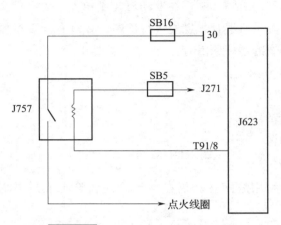

图 2-22　点火线圈的公共供电电路

4）测量 J757 的输出电压波形

关闭点火开关，拔下继电器 J757，利用万用接线盒中的"T"型导线，把 J757 连接在继电器盒的对应位置。起动发动机，用示波器测量 J757 的 87 端子的对地波形，正常情况下 J757 的 87 端子的对地波形应该如图 2-23 所示，而实际测得 J757 的 87 端子的对地波形如图 2-24 所示，说明继电器 J757 工作异常，可能原因有：

(1) J757 自身故障；

(2) J757 控制故障；

(3) J757 供电故障。

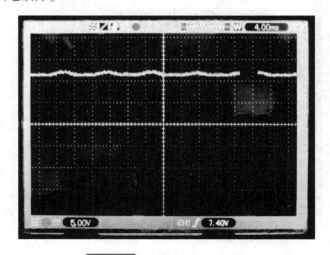

图 2-23　J757 的正常输出电压

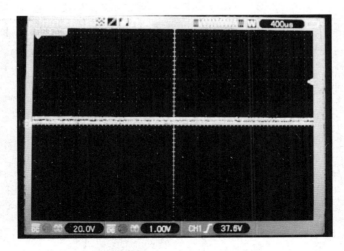

图2-24 J757的实际输出电压

5）测量J757的30端子、85端子、86端子对地电压

打开点火开关，利用数字式万用表测量J757的30端子、85端子、86端子的对地电压，正常情况下30端子和86端子的对地电压为+B，85端子为0 V，而实际测得30端子对地电压是0 V，说明30端子上游电路供电异常，可能原因有：

（1）SB16至J757线路故障；

（2）SB16自身及其上游供电故障。

6）测量SB16两端对地电压

打开点火开关，利用数字式万用表测量SB16两端对地电压，正常情况下SB16两端对地电压都为+B，实际测得SB16上游对地电压为12.6 V、下游对地电压为0 V，说明SB16两端对地电压不一致，可能是SB16自身故障，下一步对SB16进行单件测试。

7）SB16单件测试

拔下SB16，利用数字式万用表测得SB16电阻为无穷大，正常情况下应该为0 Ω，故判断SB16保险丝断路，更换保险丝后，起动发动机，起动机运转，故障排除。

SB16断路故障诊断学生考核报告表见表2-3。

表 2-3　SB16 断路故障诊断学生考核报告表

		配分	扣分	判罚依据
故障现象描述				
可能的故障原因				
故障点和故障类型确认 （同时需要在维修手册上指出故障位置）	※注明测试条件、插件代码和编号、控制单元针脚代号以及测量结果； ※在电路图上指出最小故障线路范围或故障部件			

二、发动机凸轮轴位置传感器 G300、G40 信号线断路故障的诊断与修复

1. 故障现象

具体故障现象如下：
（1）打开点火开关，仪表显示正常，有时能听到燃油泵运行的声音；
（2）起动发动机，起动机运转正常，但无任何着车征兆，能听到燃油泵运行的声音。

2. 故障分析

故障现象说明气缸内没有任何混合气燃烧的迹象，原因可能有：①点火系统故障；②燃油系统故障；③进排气系统故障；④控制系统故障；⑤机械系统故障。

故障现象中打开点火开关有时能听到燃油泵运行的声音，有时燃油泵不运行，这要看燃油泵是否满足运行条件，如果低压燃油压力传感器 G410 传递给 J623 的油压信号低于目标值，J538 会驱动 G6 运行，否则 G6 不运行。

3. 诊断思路

1）读取故障码

打开点火开关，利用故障诊断仪在发动机控制单元 J623 中读取故障码，如图 2-25 所示。

```
002: 0001 - 发动机电控系统  （UDS / ISOTP / 3VD906259A / 0001
故障代码   SAE 代码    故障文本
03A11                凸轮轴位置传感器=>传感器, 功能失效
[14865]   P036500    (Camshaft Position Sensor "B" Circuit
```

图 2-25 凸轮轴位置传感器故障码

故障码表明 J623 没有接收到凸轮轴位置传感器的信号（图 2-26），结合发动机无法起动的故障现象，可能原因有：

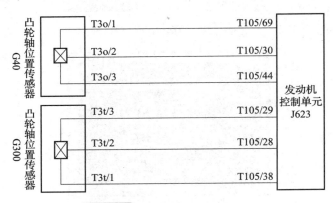

图 2-26 凸轮轴位置传感器电路

（1）J623 自身及其线路故障；

（2）G300、G40 自身及其线路故障；

（3）J623 至 G300、G40 线路故障。

2）读取转速数据流

在起动发动机的过程中，利用故障诊断仪读取发动机转速数据流，如图 2-27 所示。

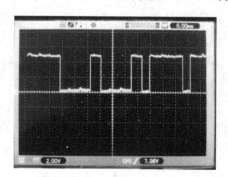

图 2-27　发动机转速数据流

通过实际读取的数据流发现，凸轮轴转速始终为 0 r/min，通过大量验证性试验发现只有当 G300 和 G40 同时出现故障时凸轮轴转速才会为 0 r/min，说明发动机控制单元 J623 未接收到传感器 G300 和 G40 的信号。

3）测量 J623 的 T105/28 端子对地波形

在起动发动机的过程中，利用示波器测量 J623 的 T105/28 端子对地电压波形，正常情况下应测得如图 2-28 所示的波形，实际测得的波形如图 2-29 所示，即为 5 V 的一条直线，说明信号输入异常，下一步需测量传感器 G300 的信号输出。

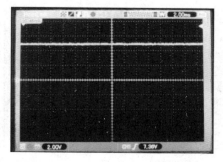

图 2-28　J623 标准信号波形

图 2-29　J623 实测信号波形（T105/28 端子）

4）测量 G300 的 T3t/2 端子对地波形

在起动发动机的过程中，利用示波器测量 G300 的 T3t/2 端子对地电压波形，正常情况下应测得如图 2-28 所示的波形，实际测得的波形如图 2-30 所示，即为 0 V 的一条直线，结合上一步的测量结果，说明 G300 的信号线断路。

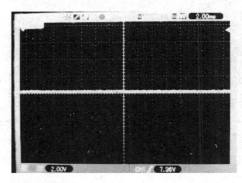

图 2-30　G300 实测信号波形（T3t/2 端子）

5）检测 J623 的 T105/28 端子到 G300 的 T3t/2 端子的导通性

断开蓄电池负极，断开 J623 的插接器 T105/28 和 G300 的插接器 T3t/2，利用数字式万用表测量 J623 的 T105/28 端子到 G300 的 T3t/2 端子间线路的电阻，实际测得两端子间电阻为无穷大，正常情况下应小于 0.1 Ω，故判断 G300 的 T3t/2 端子至 J623 的 T105/28 端子间线路断路，修复后，发动机能够起动，但是根据发动机控制原理，结合前面所测故障码和数据流判断凸轮轴位置传感器 G40 也存在故障。

6）测量 J623 的 T105/30 端子对地波形

在起动发动机的过程中，利用示波器测量 J623 的 T105/30 端子对地电压波形，正常情况下应测得如图 2-31 所示的波形，实际测得的波形如图 2-32 所示，即为 5 V 的一条直线，说明信号输入异常，下一步需测量传感器 G40 的信号输出。

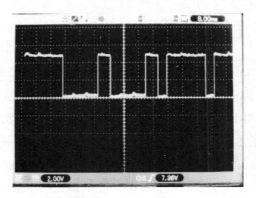

图 2-31　J623 标准信号波形

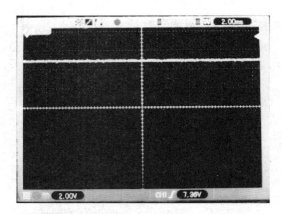

图 2-32　J623 实测信号波形（T105/30 端子）

7）测量 G40 的 T3o/2 端子对地波形

在起动发动机的过程中，利用示波器测量 G40 的 T3o/2 端子对地电压波形，正常情况下应测得如图 2-31 所示的波形，实际测得的波形如图 2-33 所示，即为 0 V 的一条直线，结合上一步的测量结果，说明 G40 的信号线断路。

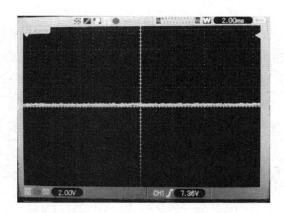

图 2-33　G40 实测信号波形（T3o/2 端子）

8）检测 J623 的 T105/30 端子到 G40 的 T3o/2 端子的导通性

断开蓄电池负极，断开 J623 的插接器 T105/30 和 G40 的插接器 T3o/2，利用数字式万用表测量 J623 的 T105/30 端子到 G40 的 T3o/2 端子间线路的电阻，实际测得两端子间电阻为无穷大，正常情况下应小于 0.1 Ω，故判断 G40 的 T3o/2 端子至 J623 的 T105/30 端子间线路断路，修复后，发动机能够起动，故障排除。

发动机转速传感器 G300、G40 信号线断路故障诊断学生考核报告表见表 2-4。

表 2-4　发动机转速传感器 G300、G40 信号线断路故障诊断学生考核报告表

		配分	扣分	判罚依据
故障现象描述				
可能的故障原因				
故障点和故障类型确认 (同时需要在维修手册上指出故障位置)	※注明测试条件、插件代码和编号、控制单元针脚代号以及测量结果； ※在电路图上指出最小故障线路范围或故障部件			

任务3　发动机运转异常故障诊断

📎 任务描述

一辆迈腾 B8 轿车，发动机起动后出现急速抖动；发动机起动后运行，发动机出现急速抖动，同时伴有加速时转速不提升或提升缓慢，急加速时还伴有喘振，排气管发出"突突"声；发动机起动后运行，踩加速踏板加速至一定转速后再也无法加速，有时伴有发动机抖动现象。请对该车辆进行维修，并填写诊断报告。

📎 任务分析

要完成该故障的诊断与排除，需要具备如下的知识和技能。

一、相关知识

直喷汽油发动机（FSI）控制系统根据转速传感器、进气压力传感器、节气门位置传感器、加速踏板传感器、冷却液温度传感器、燃油压力传感器、爆震传感器、氧传感器等各传感器的信号控制燃油、进气和点火等系统工作。该发动机的最大特点是共轨高压喷射系统采用单活塞高压泵，负责提供精确的燃料，形成 30～100 bar 的燃油压力，汽油被直接喷入燃烧室。同时，燃烧室的几何设计以及精确到毫秒级的汽油喷入量的计算功能，都可以大大提高其压缩比，这也是高效新款发动机的必要先决条件。

在进气道方面，该发动机采用可变进气歧管，由电子系统控制所需的空气流量，同时发动机配备进排气凸轮轴连续可调装置，实现了无节流变质调节，提高了充气效率，从而可获得更高的升功率，而发动机的动态响应也变得更为直接。

1. FSI 燃油系统

迈腾 B8 发动机燃油系统由低压系统和高压系统两部分组成。

1）低压系统

如图 2-34 所示，低压系统主要由燃油箱、燃油泵控制单元、电动燃油泵总成、滤清器和各种油管构成。燃油泵控制单元 J538 根据来自门锁开关、点火开关和发动机控制模块的指令，控制电动燃油泵的运行，控制电动燃油泵给高压泵供应压力为 0.5～6.5 bar 的燃油。在冷、热起动时，低压燃油系统的油压可以达到 6.5 bar。

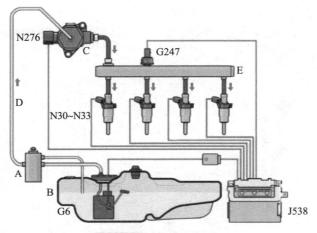

图 2-34 燃油供给系统

G6—燃油系统增压泵；G247—燃油压力传感器；N276—燃油压力调节阀；
N30~N33—气缸1~4喷油器；J538—燃油泵控制单元；A—燃油滤清器；
B—燃油箱；C—高压燃油泵；D—低压燃油油轨；E—高压燃油油轨

Ⅰ. 燃油泵控制单元 J538

燃油泵控制单元 J538（图 2-35）安装在电动燃油泵上面，通过 PWM 信号来控制电动燃油泵的运行，使低压燃油系统的油压达到 0.5~6.5 bar。在冷、热起动时，低压燃油系统的压力可以达到 6.5 bar。如果 J538 失效，则发动机不能起动或起动后熄火。

电动燃油泵控制系统电路如图 2-36 所示，从中可以看出，当打开点火开关时，主继电器 J271 工作，通过 SB10 保险给燃油泵控制单元提供点火开关电源信号，使燃油泵控制单元 J538 进入工作状态，当燃油泵控制单元 J538 接收到发动机控制单元 J623 的通信信号时，就向燃油泵发出控制电压，控制燃油泵运转，根据转速和负荷的大小，燃油泵的转速会进行适当的调整。

图 2-35 燃油泵控制单元

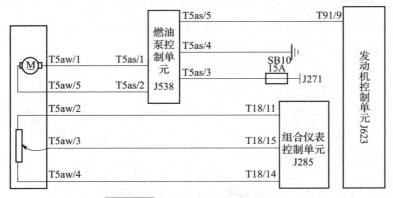

图 2-36 电动燃油泵控制系统电路

Ⅱ. 燃油箱

燃油箱安装在车辆后部下方，除储油外，还具有散热、分离油液中的气泡、沉淀燃油箱杂质等作用，如图2-37所示。

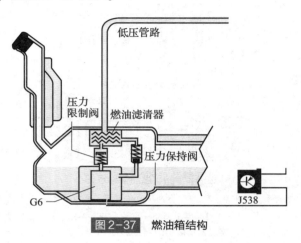

图2-37　燃油箱结构

Ⅲ. 电动燃油泵总成

电动燃油泵总成由燃油泵、滤网、燃油箱液位传感器构成，燃油箱液位传感器可以监测燃油箱内油液平面的高低，滤网可以过滤颗粒较大的杂质，燃油泵的主要作用就是给燃油增压，通过油管、滤清器把燃油输送给高压泵。燃油泵受燃油泵控制单元控制，初期以最高转速运转，迅速给燃油系统建立初压，之后转速降低。发动机控制单元在运行过程中根据扭矩和负荷需要调节燃油泵转速，使低压油路系统工作在最佳（0.5~6.5 bar）的状态下。电动燃油泵总成如图2-38所示。

Ⅳ. 燃油滤清器

迈腾B8发动机燃油系统采用无回路模式设计，也就是低压系统有回油管（安装在燃油滤清器上），高压系统没有回油管，这样可防止热燃油从发动机返回油箱，以降低油箱的内部温度，油箱内部温度降低可避免蒸发排放增大，如图2-37所示。

燃油滤清器（图2-39）带有压力限制阀，如果低压系统油压超过6.8 bar，限制阀打开，使多余的燃油回到油箱，将低压系统压力控制在安全范围内。

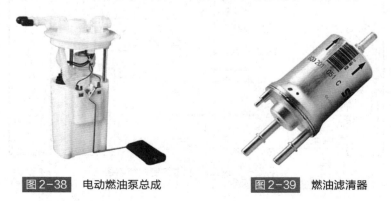

图2-38　电动燃油泵总成　　　　图2-39　燃油滤清器

2) 高压系统

高压系统的作用是将电动燃油泵建立的低压增加到喷油器喷射所需要的压力,高压燃油系统的油压范围可达 30~110 bar（取决于负荷和转速）。高压系统主要由以下元件构成。

Ⅰ. 高压泵

迈腾 B8 发动机高压泵采用单活塞泵,它由发动机凸轮轴上的方形凸轮以机械方式驱动。电动燃油泵给高压泵预供油,预供油压力约为 6 bar。在发动机运行过程中,高压泵在燃油轨内产生喷油器喷射所需要的压力。高压泵上有一个压力缓冲器,它可以吸收高压系统内的压力波动,使系统压力保持相对稳定。

迈腾 B8 高压燃油泵结构和驱动如图 2-40 和图 2-41 所示。

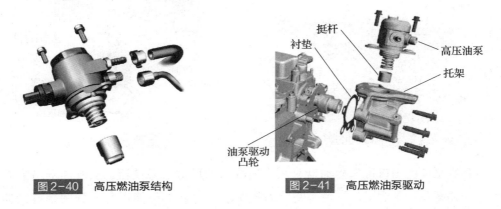

图 2-40 高压燃油泵结构　　图 2-41 高压燃油泵驱动

高压泵的工作过程可以分为吸油、回油、泵油三个行程,在发动机运行过程中,三个行程循环往复,持续将低压燃油系统的燃油输送给高压燃油系统。在高压泵上还安装有燃油压力调节阀 N276,用于控制高压泵的流量,进而精确控制高压系统的燃油压力。

如图 2-42 所示,在吸油过程中,依靠泵活塞的下行提供吸油的动力,同时打开进油阀,燃油被吸入泵腔；在泵活塞行程的最后 1/3 段,燃油压力调节阀通电,使得在泵活塞向上运动的初期进油阀仍然打开来进行回油。

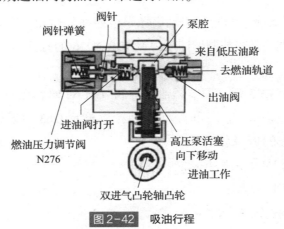

图 2-42 吸油行程

如图 2-43 所示，在泵油行程的初期，燃油压力调节阀断电，使得进油阀在泵腔内升高的压力和阀内的关闭弹簧共同作用下关闭；泵活塞上行在泵腔内产生压力，当压力超过油轨内压力时，出油阀被打开，燃油被泵入油轨。

如图 2-44 所示，为了控制实际的供油量，进油阀在泵活塞向上运动的初期还是打开的，多余的油被泵活塞挤回低压端，缓压器的作用就是吸收这个过程中产生的压力波动。

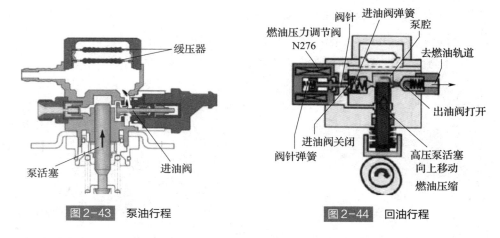

图 2-43　泵油行程　　　　　图 2-44　回油行程

高压泵油由出口进入冷油器，从冷油器出来后进入滤油器，从滤油器出来后分两路，一路减压后供润滑油，另一路成为控制油。油路中可能还有一到两个蓄能器。高压泵的作用是提高燃油压力，高压喷射达到雾化效果，主要用途是作为千斤顶、镦头器、挤压机、轧花机等液压装置的动力源。

Ⅱ. 燃油压力调节阀 N276

燃油压力调节阀安装在高压泵上，用于控制高压泵内的燃油流量，进而调节高压系统的压力，该电磁阀是一个常闭电磁阀，通电时阀门打开，使部分燃油回到低压系统。

在发动机运转过程中，凸轮轴带动高压泵活塞往复运动，建立高压。发动机控制单元 J263 通过脉宽调制信号控制燃油压力调节阀 N276 的打开和关闭，N276 线圈的阻值为 10 Ω。

发动机控制单元 J263 通过调节燃油压力调节阀 N276 将压力调节至 30～200 bar，压力的大小取决于负荷和转速。同时，发动机控制单元 J263 通过燃油压力传感器检测高压系统油压，以此形成控制闭环。

燃油压力调节阀 N276 的主要功能：

（1）为燃油系统提供高压；

（2）按需求控制进入油轨的油量；

（3）控制高压端的压力。

如果燃油压力调节阀 N276 出现故障，将影响系统的运行。如果该电磁阀持续打开，将造成高压燃油系统压力过低（相当于低压燃油系统压力）；如果该电磁阀持续关闭，将造成高压燃油系统压力为零，发动机无法运行；如果控制信号出现故障，可能导致高压系统压力过大或过小。

燃油压力调节阀 N276 与发动机控制单元 J623 之间的连接电路如图 2-45 所示，从中可以看出，发动机控制单元 J623 对燃油压力调节阀 N276 采用双源控制。

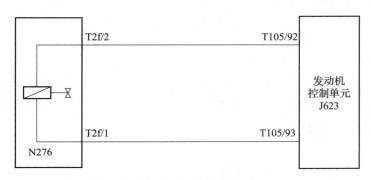

图 2-45　燃油压力调节阀控制线路

Ⅲ. 油轨

油轨负责保压、减少压力波动，并分配燃油到每个高压喷油阀上，同时其上安装有高压燃油压力传感器 G247，如图 2-46 所示。

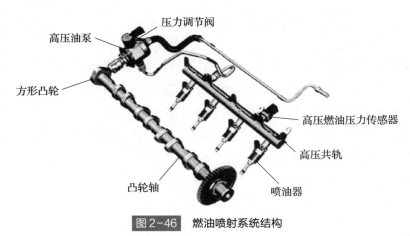

图 2-46　燃油喷射系统结构

Ⅳ. 压力限制阀

压力限制阀（简称"限压阀"）集成在高压泵内，或者安装在油轨上，它在压力约为 140 bar 时打开，使高压燃油进入泵腔，再回到低压管路，过高的压力一般发生在超速阶段或高温状态，如图 2-47 所示。

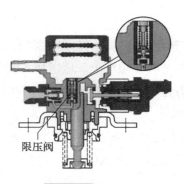

图 2-47 限压阀

Ⅴ．高压燃油压力传感器 G247

高压燃油压力传感器 G247 安装在油轨上，用于监测高压燃油系统的压力，并把压力信号转变成电压信号输送给发动机控制单元 J623，作为控制燃油压力调节阀的重要参考信号，如图 2-48 所示。

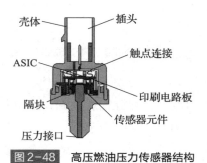

图 2-48 高压燃油压力传感器结构

高压燃油压力传感器 G247 的核心是一个钢膜，在钢膜上有应变电阻，要测的压力经压力接口作用到钢膜的一侧，使钢膜弯曲，引起应变电阻的阻值发生变化，电路将电阻转变成电压，经处理放大后传递给发动机控制单元 J623。

高压燃油压力传感器 G247 与发动机控制单元 J623 之间的连接电路如图 2-49 所示，发动机控制单元给传感器提供 5 V 参考电压和搭铁信号，传感器向发动机控制单元提供随压力变化而变化的电压信号。

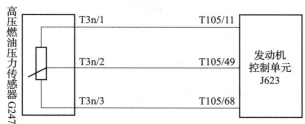

图 2-49 G247 与 J623 的连接电路

Ⅵ. 高压喷油器 N30～N33

迈腾 B8 喷油器采用的是双源控制,即发动机通过一个端子给喷油器提供高压信号,通过另外一个端子给喷油器提供搭铁控制信号,两个信号同时作用决定喷油器的喷油时刻和喷油量。发动机控制模块中的专用升压电容器会产生 50～90 V 的控制电压,使开始接通喷油嘴电磁线圈的电流增大,针阀快速升起达到最大升程;而要使针阀保持最大开度,则需要较小的电流。维持小电流有两种方法:一种是减小工作电压,另一种是控制占空比信号,迈腾 B8 发动机采用的是后者。在针阀最大升程保持期间就可得到燃油喷射量随喷射时间的线性变化曲线,发动机控制单元加给喷油器的驱动电压约为 65 V,瞬时电流可达 12 A,平均电流为 2.6 A。高压喷油器结构如图 2-50 所示。

喷油器驱动电流要求分为 3 个阶段,如图 2-51 所示。

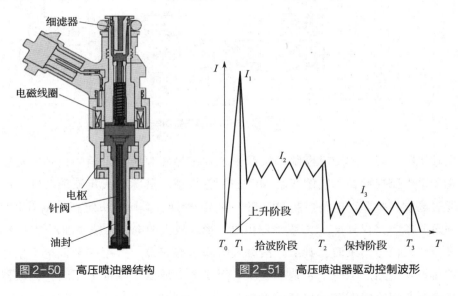

图 2-50　高压喷油器结构　　图 2-51　高压喷油器驱动控制波形

(1) 上升阶段 ($T_0 - T_1$):在上升阶段,需要一个高电压直接作用在喷油器电磁线圈上,加快驱动电流的速度,缩短喷油器开启时间。

(2) 拾波阶段 ($T_1 - T_2$):在拾波阶段,仍需提供较大的保持电流,以防止电流突变导致喷油器针阀意外关闭。

(3) 保持阶段 ($T_2 - T_3$):在保持阶段,驱动电流下降到一个较小的值,保证喷油器处于打开状态且功耗降低。

发动机控制模块内部有 DC/DC 变压器模块,将 12 V 电压转换成 90 V 电压,通过 90 V 电压来驱动喷油器,开启时,电容将通过喷油器放电,使喷油器开启;之后,喷油器将利用系统的电压(12 V)维持开启的状态,同时电容将再次充电以供下一次喷油器开启使用。

喷油器驱动电路由升压电路、高端自举驱动电路、电流分段控制电路等组成，如图 2-52 所示。

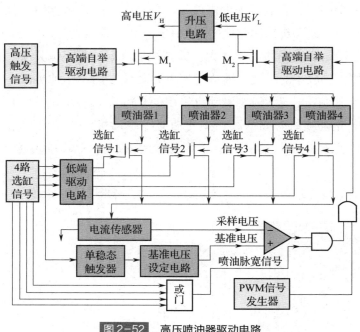

图 2-52　高压喷油器驱动电路

发动机喷油时，发动机控制模块产生选缸信号和高压触发信号，其中选缸信号通过低端驱动电路控制相应的气缸 MOSFET 管导通，其脉宽决定喷油时间；高压触发信号通过高端自举驱动电路控制 MOSFET 管 M_1 导通，其脉宽决定高电压通电时长。此时，通过升压电路得到 V_H，对喷油器供电，形成较大的电流，使喷油器快速开启。

高压触发信号结束时，其下降沿触发单稳态触发器，产生一个低电平信号，控制基准电压设定电路产生一个高基准电压，当采样电压低于基准电压时，比较器输出高电平，通过与门逻辑电路输出高电平信号，起动高端 MOSFET 管 M_2 工作，低电压 V_L 开始供电，电流增加；当采样电压高于基准电压时，比较器输出低电平，M_2 截止，低电压 V_L 停止供电，电流减小，如此循环，使第一段保持电流稳定在高基准电压确定的范围内。

单稳态触发器产生的低电平信号结束后，基准电压设定电路产生低基准电压，使第二段保持电流始终稳定在由低基准电压确定的范围内，直至喷油结束。

Ⅰ) DC/DC 升压电路

DC/DC 升压电路采用 BOOST 变换方式，其原理如图 2-53 所示。升压电路由电流型 PWM 信号控制器、多量程电流传感器、MOSFET 管 Q_1、储能电感 L_1、二极管 D_1、储能电容 C_4 和电压反馈电阻 R_5、R_V 等组成，如图 2-54 所示。

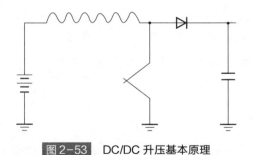

图 2-53　DC/DC 升压基本原理

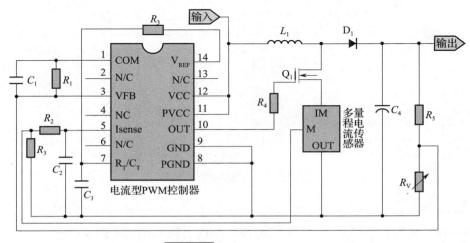

图 2-54　DC/DC 升压电路

BOOST 升压原理：当 MOSFET 管 Q_1 导通时，二极管 D_1 反向截止，储能电感 L_1 与供电电源形成闭合回路，能量以磁能形式储存在 L_1 中；当 MOSFET 管 Q_1 截止时，由于流过 L_1 的电流不能发生突变，所以 L_1 两端会产生一个与供电电源同向的感应电动势。在它们的共同作用下，二极管 D_1 导通，以高于电源的电压向储能电容 C_4 充电。如果 MOSFET 管 Q_1 反复导通和截止，就可以在储能电容 C_4 两端得到高于电源电压的输出电压。

PWM 信号控制器通过 PWM 的方式控制 BOOST 电路的工作，其工作原理：当电压反馈引脚 VFB 输入电压高于 2.5 V 时，输出引脚 OUT 为低电平，BOOST 电路停止工作；当电压反馈引脚 VFB 输入电压低于 2.5 V 时，输出引脚 OUT 输出 PWM 信号，BOOST 电路开始工作。

储能电容 C_4 两端电压经电阻 R_5、R_V 分压后输入 VFB 引脚。调整电阻 R_5、R_V 的大小，使输出电压达到目标电压时，输入 VFB 引脚的电压恰好为 2.5 V，从而实现对输出电压大小的控制。

Ⅱ）高端自举驱动电路

为保证 MOSFET 管饱和导通，其栅极与源极之间的压差应大于其开启电压 $V_{GS(th)}$，且栅极电压一般以地为参考点。在喷油器驱动电路中，高端 MOSFET 管的栅极接电源，源极接喷油器。因此,需要设计一个高端自举驱动电路,以提高栅极的驱动电压,保证高端 MOSFET 管正常工作。

高端自举驱动电路主要由栅极驱动芯片、MOSFET 管、自举电容 C_2、自举二极管 D_2 等组成,如图 2-55 所示。

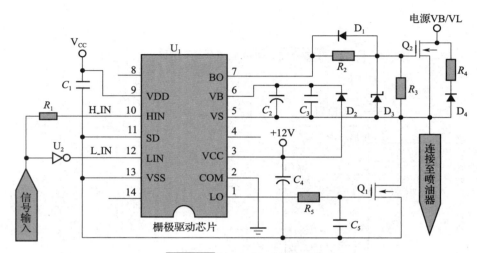

图 2-55　高端自举驱动电路

高端自举驱动电路的工作原理:PWM 信号 H_IN 输入栅极驱动芯片的高端信号输入引脚 HIN,其反相信号 L_IN 输入低端信号输入引脚 LIN。当 HIN 引脚输入低电平、LIN 引脚输入高电平时,BO 引脚输出低电平,LO 引脚输出高电平,此时 MOSFET 管 Q_1 导通,由 +12 V、D_2、C_2、Q_1、GND 构成的充电回路对自举电容 C_2 充电;当 HIN 引脚输入高电平、LIN 引脚输入低电平时,C_2 充电完毕,栅极驱动芯片的引脚 BO 与引脚 VB(C_2 正极)导通。此时,MOSFET 管 Q_2 栅源极电压高于其开启电压,高端 MOSFET 管被打开,自举完成。此外,电阻 R_5 和电容 C_5 用于延时 LO 引脚信号输出,以防止高压端对地短路,如图 2-56 所示。

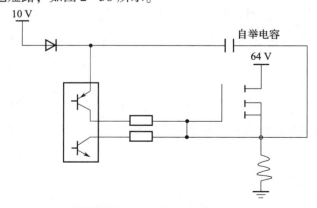

图 2-56　高端自举驱动基本原理

Ⅲ）电流分段控制电路

电流分段控制电路由基准电压设定电路 A 和电流反馈控制电路 B 组成，其中电流传感器反馈电压 V_f 与喷油器驱动电流大小成正比，拾波和保持阶段驱动电流的大小则通过输出信号 S_IN 控制喷油器低压电源的通断来实现，如图 2-57 所示。

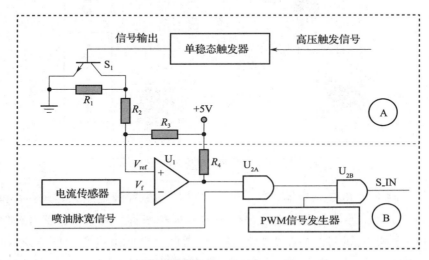

图 2-57　电流分段控制电路

电流分段控制电路的工作原理：当 V_{ref} 大于 V_f 时，U_1 输出高电平，与喷油脉宽信号和 PWM 信号相与后，S_IN 输出一个 PWM 信号，控制低压电源对喷油器供电，使电流不断上升，电流传感器反馈电压 V_f 也随之上升；当 V_f 大于 V_{ref} 时，U_1 输出低电平，与喷油脉宽信号和 PWM 信号相与后，S_IN 输出低电平，低压电源停止对喷油器供电，使电流下降，直到 V_f 小于 V_{ref}。不断重复上述动作，实现电流的反馈控制。通过电流反馈和基准电压的共同作用即可实现电流的分段控制。

迈腾 B8 330 TSI 轿车采用的是缸内高压直喷控制系统（图 2-16），为了达到规定的、可再现的燃油喷射过程，必须对具有复杂流动过程的高压喷油嘴进行控制。因此，发动机控制单元 J623 的 CPU 输出一个数字信号，发动机控制单元 J623 内部专用的组件根据此信号产生一个 HDEV（高压喷油器）控制信号控制喷油嘴的工作。

2. 点火系统

迈腾 B8 发动机采用独立点火方式，即每个气缸都有一个单独的点火线圈，四个点火线圈共用正极电源和搭铁，发动机控制模块分别控制每个气缸点火线圈的工作，使各缸的性能达到最佳。迈腾 B8 发动机点火系统控制原理如图 2-58 所示。

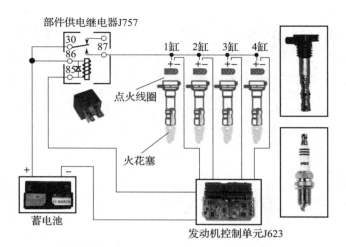

图2-58　迈腾B8发动机点火系统控制原理

发动机控制单元J623根据输入的曲轴以及凸轮轴位置确定点火时间，并将此点火信号转化为占空比信号传输至独立点火线圈内的大功率管，大功率管断开初级线圈至发动机缸体上的搭铁线路，并在断开初级线圈瞬间，在次级绕组上产生感应电动势，高压电动势通过火花塞电极在气缸内放电，点燃气缸内的混合气，推动活塞往复运行，再通过曲轴转化为圆周运动，使发动机运行（图2-17）。

3. 进排气系统

发动机进气系统是把空气或混合气导入发动机气缸的零部件集合体，其作用是测量和控制进入发动机的空气质量。为提高发动机的进气量，迈腾B8发动机采用了涡轮增压技术、进气通道面积可变技术、气门升程控制技术。为实现对进入气缸的空气进行精准测量，系统安装了空气流量传感器、进气歧管压力传感器、节气门位置传感器、进气温度传感器；为监测涡轮增压器的增压效果，系统安装了增压压力传感器；为控制进入发动机内部的空气质量，系统安装了节气门、进气歧管翻板、废气旁通阀、涡轮增压器空气再循环阀，如图2-59所示。

汽车排气系统主要用于排放发动机工作产生的废气，同时减少废气污染、噪声。为减少废气污染，在排气管内增加了三元催化转换器、氮氧催化转换器等催化转换装置；为了减少噪声，在排气管内安装了消音降噪装置。

1）进气温度/压力传感器

进气压力传感器的作用是检测节气门后方的进气歧管的绝对压力，并将压力信号转换成电压信号送至发动机控制单元J623，作为控制基本喷油量和点火正时的重要参考信号。进气压力传感器的安装位置如图2-60所示。

项目二 汽车发动机管理系统故障诊断

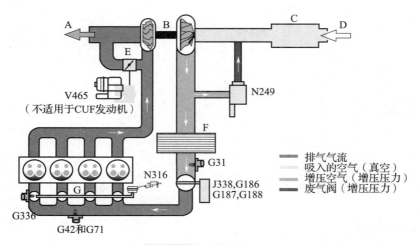

图 2-59 进气系统结构

A—废气气流；B—涡轮增压器；C—空气过滤器；D—新鲜空气气流；E—废气旁通阀；
F—增压空气冷却器；G—进气歧管翻板；
G31—增压压力传感器；G42—进气温度传感器；G71—进气歧管压力传感器；J338—节气门控制单元；
G186—电子节气门驱动装置；G187—电子节气门驱动装置角度传感器1；
G188—电子节气门驱动装置角度传感器2；G336—进气歧管翻板电位计；
N249—涡轮增压器空气再循环阀；N316—进气歧管翻板阀；V465—增压压力调节阀

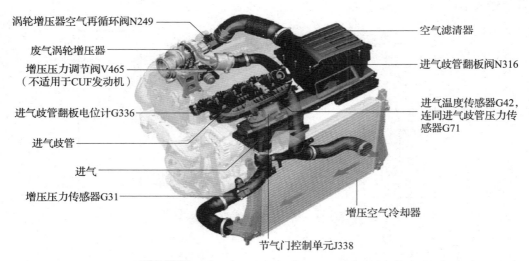

图 2-60 迈腾 B8 主要传感器、执行器安装位置

进气温度传感器的作用是检测进气温度，并把温度信号转变成电信号送至发动机控制单元 J623，作为计算空气密度的依据，对喷油量进行修正。进气歧管温度/压力传感器的连接电路如图 2-61 所示。

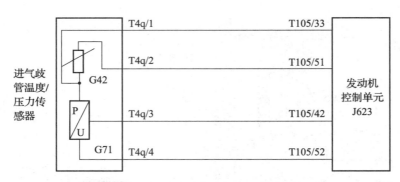

图2-61　进气歧管温度/压力传感器的连接电路

2）增压压力传感器

从图2-60可以看出，空气通过滤清器并经涡轮增压器加压后进入增压空气冷却器和节气门前，增压压力传感器将增压后的空气压力转换为电信号传递给发动机控制单元，发动机控制单元根据当前工况，通过PWM信号调节涡轮增压器空气再循环阀的开度，使增压后的空气压力（流量）符合当前工况需求，调节和冷却后的空气通过节气门进入进气歧管。同时，增压压力传感器中的进气温度传感器可以检测进气温度，把温度信号转变成电信号后提供给发动机控制单元，用于监测增压冷却效果，连接电路如图2-62所示。

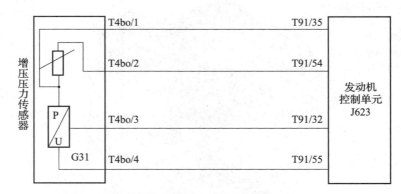

图2-62　增压压力传感器的连接电路

3）电子节气门

电子节气门系统主要由加速踏板位置传感器和电子节气门体组成，如图2-63所示。

加速踏板位置传感器包括G79和G185两个传感器（图2-19）。传感器G79的供电是T6bf/2端子、搭铁是T6bf/3端子、输出信号通过T6bf/4端子，传感器G185的供电是T6bf/1端子、搭铁是T6bf/5端子、输出信号通过T6bf/6端子。

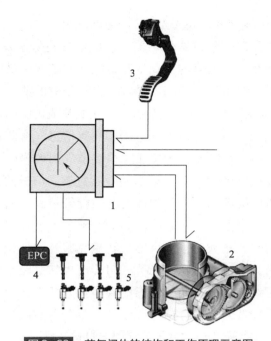

图2-63 节气门体的结构和工作原理示意图

1—发动机控制单元；2—节气门控制单元；3—加速踏板模块；
4—电控节气门故障指示灯；5—点火装置，燃油喷射

发动机节气门体由两个位置传感器和一个直流电机组成（图2-64），两个位置传感器分别是 G187 和 G188，节气门直流电机是 G186，传感器 G187 的信号输出通过 T6e/4 端子，传感器 G188 的信号输出通过 T6e/1 端子，端子 T6e/2 是两个传感器的公共供电，端子 T6e/6 是两个传感器的公共搭铁，直流电机 G186 的驱动端子是 T6e/3 和 T6e/5。

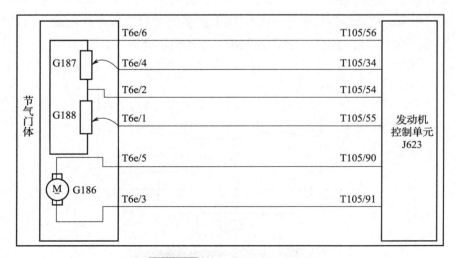

图2-64 节气门控制单元电路

Ⅰ. 正常情况下踩加速踏板时电子节气门的控制过程

当踩加速踏板时，加速踏板位置传感器产生的信号输送至发动机控制单元 J623，J623 根据加速踏板位置传感器信号的变化量和变化率判断驾驶员的意图，并结合发动机的运行工况计算出对发动机扭矩的基本需求，得到相应的节气门转角的基本值。然后经过各 CAN 总线通信系统及车辆各控制单元，获取其他工况信息以及各种传感器信号，如发动机转速、挡位、节气门位置、空调能耗等信息，由此计算出车辆所需求的全部扭矩，通过对节气门转角基本值的修正，得到节气门的最佳开度期望值，发动机控制单元 J623 依据该最佳开度期望值，通过调节脉宽调制信号的占空比来控制直流电机转角的大小，电机方向则由和节气门相连的复位弹簧控制。电机输出转矩和脉宽调制信号的占空比成正比。当占空比一定时，电机输出转矩与复位弹簧阻力矩保持平衡，节气门开度不变；当占空比增大时，电机输出转矩克服复位弹簧阻力矩，节气门开度增大；当占空比减小时，电机输出转矩和节气门开度也随之减小，并把相应的信号发送到驱动电路模块，驱动控制电机使节气门达到最佳的开度位置。节气门位置传感器则把节气门的开度信号反馈给节气门控制单元，形成闭环控制。

Ⅱ. 正常情况下打开点火开关时电子节气门的自检过程

当每次打开点火开关时，发动机控制单元 J623 都会对电子节气门进行自检，由如图 2-65 所示电子节气门控制原理示意图可知，当打开点火开关时，J623 内的 CPU 首先会通过其 4 号端子检测 T105/90 端子的对地电压，如果其电压是 2.5 V，说明从 J623 内的 2.5 V 电源到 T105/91 端子，到 G186 的 T6e/5 端子，到节气门电机 G186，到 G186 的 T6e/3 端子，到 J623 的 T105/90 端子，到 J623 内的 CPU 的 4 号端子是导通的，此时 J623 内的 CPU 会通过其 1 号端子控制三极管 V_1 导通，通过其 5 号端子控制三极管 V_4 导通，给节气门电机 G186 一个驱动电压脉冲，G186 转动会带动节气门打开一定角度（此时电子节气门处会发出"咔咔"声），此时节气门位置传感器 G187 和 G188 会把节气门相应的位置信号传递给 J623。如果在整个过程中信息都正常，当发动机起动后，仪表上的 EPC 灯会熄灭，踩加速踏板，发动机加速正常。

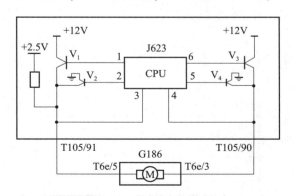

图 2-65　电子节气门控制原理示意图

Ⅲ. 电子节气门系统的故障分析

加速踏板位置传感器包括两个位置传感器 G185 和 G79，它们同时工作，如果 G185 信号异常，会导致 EPC 灯长亮，发动机无法加速；如果 G79 信号异常，会导致 EPC 灯长亮，但发动机加速正常；如果 G185 和 G79 同时损坏，也会导致 EPC 灯长亮，发动机无法加速。

节气门驱动装置角度传感器 G188 和 G187 中单个信号出现异常时，会导致 EPC 灯长亮，但发动机加速正常；如果两个节气门位置传感器同时损坏，会导致 EPC 灯长亮，发动机无法加速，同时发动机怠速会提高到 1 000 r/min。当节气门驱动装置 G186 及其线路发生故障时，会导致 EPC 灯长亮，发动机无法加速，同时发动机怠速会提高到 1 400 r/min。

4）进气歧管翻板控制阀

进气歧管翻板（图 2-66）在大多数情况下保持关闭（封住下进气道）。发动机控制单元根据扭矩和负荷变化，确定需要对进气模式进行转换时，就会接通进气歧管风门电磁阀控制电路（图 2-67），使阀门动作，接通真空源，通过真空膜盒和机械结构使翻板角度改变（接通下进气道），从而改变进气道面积，增大进气量。同时，进气翻板电位计将翻板位置角度反馈给发动机控制单元，作为闭环控制的依据，如图 2-68 所示。

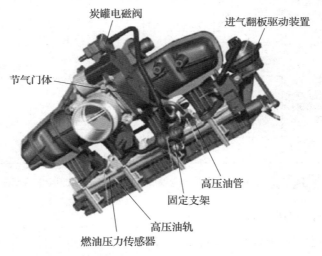

图 2-66　发动机进气翻板位置

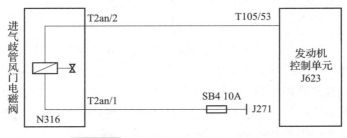

图 2-67　进气歧管风门电磁阀控制电路

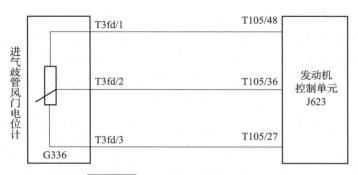

图2-68　进气歧管风门电位计电路

5）涡轮增压器空气再循环阀

涡轮增压器空气再循环阀的作用是在松油门的时候，使增压后的部分空气返回增压器前方，防止中冷器增压的空气太多而损坏，即让增压后的气体继续循环。涡轮增压器空气再循环阀电路如图2-69所示。

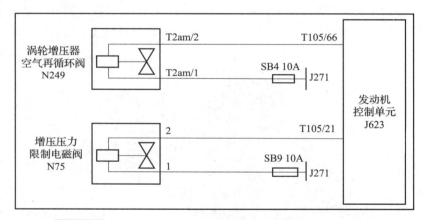

图2-69　涡轮增压器空气再循环阀和增压压力限制电磁阀电路

6）增压压力限制电磁阀

增压压力限制电磁阀的作用是控制废气流经涡轮的废气量，进而控制增压压力。当阀门关闭时，有更多的空气流过增压器，增压效果会更明显，发动机的进气量就会增大。增压压力限制电磁阀电路如图2-69所示。

7）废气涡轮增压器

废气涡轮增压器实际上是一种空气压缩机，通过压缩空气来增加进气量。它利用发动机排出的废气惯性冲力来推动涡轮室内的涡轮，涡轮再带动同轴的叶轮压送由空气滤清器管道送来的空气，使之增压进入气缸。进入气缸的空气压力和密度增大，可以燃烧更多的燃料，相应增加燃料量和调整发动机的转速，就可以增加发动机的输出功率。废气涡轮增压器剖视图如图2-70所示。

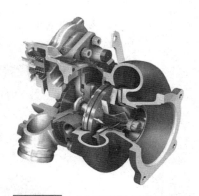

图2-70 废气涡轮增压器剖视图

废气涡轮增压器主要由涡轮机和压气机等构成。将发动机排出的废气引入涡轮机，利用废气的能量推动涡轮机旋转，由此驱动与涡轮同轴的压气机实现增压。涡轮机进气口与发动机排气歧管相连，排气口则接在排气管上；压气机进气口与空气滤清器相连，排气口则接在进气歧管上。

8）电子气门升程切换

通过排气凸轮轴上的电子气门升程切换（AVS）系统，可以实现对每个气缸气体交换的优化控制。

较低发动机转速范围内的调节如图2-71所示。为了使低速小负载范围内的气体交换性能更佳，一方面，发动机管理系统通过凸轮轴调节器将进气凸轮轴提前、排气凸轮轴延迟；另一方面，随着凸轮轴的转动，右侧执行器金属销伸出，接合滑动槽，将凸轮件向左移至小凸轮轮廓，此时气门升程就切换至更小的排气凸轮轮廓，气门沿着较小的气门轮廓上下移动，从而可在低转速范围达到较高的增压压力。

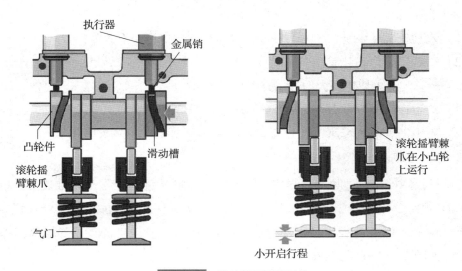

图2-71 发动机低转速调节

发动机加速时的调节如图2-72所示。为使加速时气缸内的气体交换适应更高的性能需求，一方面，发动机管理系统通过凸轮轴调节器将进气凸轮轴提前、排气凸轮轴延迟；另一方面，为达到最佳的气缸填充性能，排气门需要最大的气门升程，以提高排气压力。为了实现此目的，左执行器被起动，凸轮件向右移动，切换至大凸轮轮廓，此时排气门以最大的升程打开和关闭。

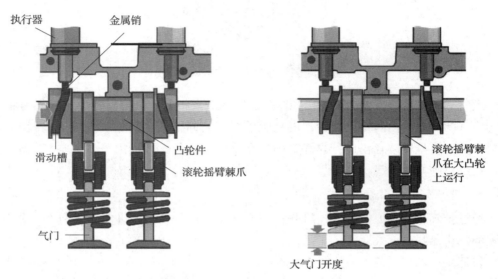

图2-72 发动机部分负载和全负载调节

如果一个执行器发生故障，则无法再执行气门升程切换功能。在这种情况下，发动机管理系统会尝试将所有气缸切换为最近成功的一次气门升程。

如果所有气缸可切换至小的气门升程位置：

（1）发动机转速限制在4 000 r/min，故障存储器中记录下故障；

（2）EPC警告灯亮起。

如果所有气缸可切换到大的气门升程位置：

（1）故障存储器中也会存储故障；

（2）不限制发动机转速，且EPC灯不亮起。

9）INA凸轮轴调节控制

发动机控制模块通过脉宽调制信号控制电磁线圈，进而操作凸轮轴位置执行器进油和排油。脉宽调制占空比越高，凸轮轴正时的改变越大，施加于固定叶片提前侧的机油压力越大，则凸轮轴顺时针方向旋转的角度越大。发动机INA凸轮轴调节系统结构和原理如图2-73和图2-74所示。

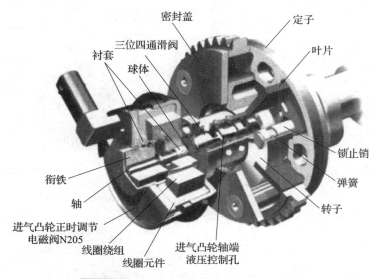

图2-73 发动机 INA 凸轮轴调节系统结构

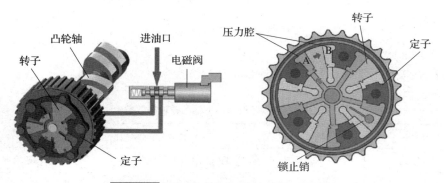

图2-74 发动机 INA 凸轮轴调节系统原理

发动机 INA 凸轮轴调节过程如图 2-75 所示,凸轮轴最大调节量:
(1) 进气凸轮轴为 52°曲轴角;
(2) 排气凸轮轴为 42°曲轴角。

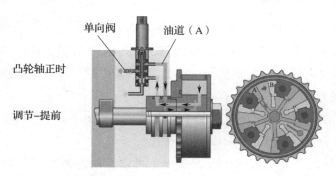

图2-75 发动机 INA 凸轮轴调节过程

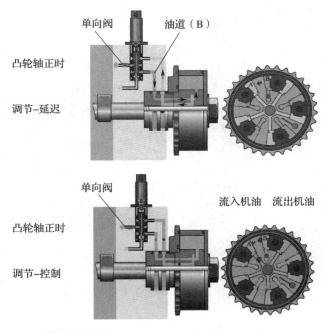

图2-75　发动机 INA 凸轮轴调节过程（续）

表2-5 提供了常规行驶条件下的凸轮轴相位指令。

表2-5　常规行驶条件下的凸轮轴相位指令

行驶条件	凸轮轴位置的改变	目标	结果
急速	不做更改	将气门重叠角降至最小	急速转速稳定
发动机轻载	延迟气门正时	减少气门重叠角	发动机输出稳定
发动机中等负荷	提前气门正时	增加气门重叠角	燃油经济性提高、排放降低
发动机重载高转速	延迟气门正时	延迟气门关闭	发动机输出提高

4. 发动机进气、燃烧模式

FSI 发动机采用的是类似于柴油机的工作方式，将高压汽油直接喷入气缸进行燃烧以获得动力。相对于传统的汽油发动机而言，采用这种工作方式后由于汽油直接喷入每一个气缸，结合稀薄燃烧技术，使汽油直喷发动机在部分负荷范围内采用专门的充气模式来工作成为现实。

现在的 FSI 发动机具有三种工作方式：分层充气模式、均质稀混合气模式、均质混合气模式。在不同的工况下采用不同的空燃比。

FSI 发动机按照发动机负荷工况，基本上可以自动选择在低负荷时为分层稀薄燃烧，在高负荷时则为均质理论空燃比（14.6～14.7）燃烧，在中间负荷状态时采用均质稀混合气模式。在三种运行模式中，燃料的喷射时间有所不同，通过真空作用的开关阀进行开启和关闭来控制进气气流的形态。

1) 分层充气模式

在分层充气模式中，空燃比为 1.6~3，空气经过接近全开的节气门（节气门不能完全打开，需要总是保持一定的真空用于活性炭罐装置和废气再循环装置）引入燃烧室。此时，进气歧管翻板会将下部进气道完全关闭，从而使吸入的空气在上部进气道流动的速度加快，于是空气会呈旋涡状流入气缸内，如图 2-76 和图 2-77 所示。活塞上的凹坑会增强这种涡旋流动效果，与此同时，节气门会进一步打开，以便尽量减小节流损失。

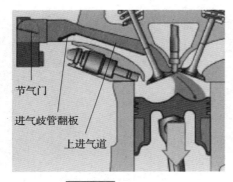

图 2-76　进气状态

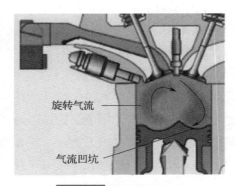

图 2-77　气流流动方式

在压缩行程上止点前约 60°时，高压燃油以 50~110 bar 的压力喷入火花塞附近，如图 2-78 和图 2-79 所示。燃油的喷射时刻对混合气的形成有很大的影响，混合气形成只发生在 40°~50°曲轴角，如果曲轴角小于这个范围就无法点燃混合气，如果曲轴角大于这个范围混合气就变成均质气，如此稀薄的均质混合气是无法点燃的。

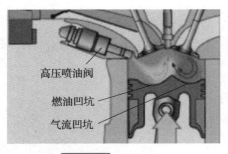

图 2-78　喷射时间

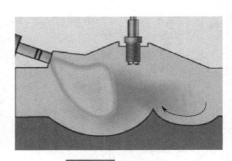

图 2-79　喷射位置

由于燃油喷射角非常小，燃油雾气实际并不与活塞顶接触，所以称之为所谓的"空气引入"方式。并且只有在火花塞附近聚集了具有良好点火性能的混合气，这些混合气才在压缩行程中被点燃，如图 2-80 所示。

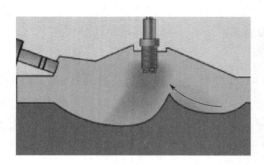
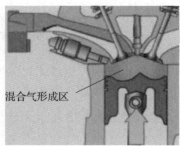

图2-80　混合气形成

另外,在燃烧后,被点燃的混合气与气缸壁之间会出现一个隔离用的空气层,它的作用是减少通过发动机缸体散发掉的热量,提高热效率,如图2-81所示。

分层充气模式并不是在整个特性曲线范围内都能实现,特性曲线范围受到限制,这是因为当负荷增大时,需要使用较浓的混合气,燃油消耗方面的优势也就随之下降。另外,当空燃比小于1.4时,燃烧稳定性变差,这是因为转速升高后,混合气准备时间不足,且空气的涡旋流动也对燃烧稳定性产生不利的影响。

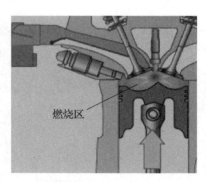

图2-81　混合气燃烧

2) 均质稀混合气模式

均质稀混合气模式的空燃比为1.55左右,与分层充气模式一样,其节气门开度大,进气歧管关闭,如图2-82所示。

均质稀混合气模式是在点火上止点前300°左右时喷入燃油,形成混合气的时间就比较长,有利于形成均匀的稀混合气,如图2-83所示。

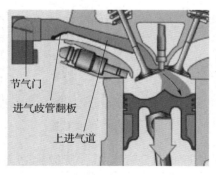
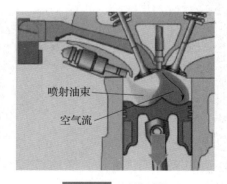

图2-82　进气状态　　　　　图2-83　喷油时间

均质稀混合气模式是一种特殊的工作模式，与分层充气模式一样也只能在一定的转速范围内正常工作，如图2-84所示，并且还需要满足以下条件：

（1）没有与排放系统有关的故障；
（2）冷却液温度必须超过50℃；
（3）氮氧化物催化转换器的温度在250～500℃；
（4）进气歧管翻板必须保持关闭状态。

均质稀薄燃烧的燃油在进气冲程喷射，并且由于产生加速稀薄混合气燃烧的纵涡流，开关阀被关闭，此时阻碍燃烧的废气再循环（EGR）暂不进行。与均质理论空燃比燃烧不同的是，其吸入空气量超过燃油喷射量燃烧的需要，此时的过量空气系数大于1，如图2-85所示。

图2-84 混合气形成

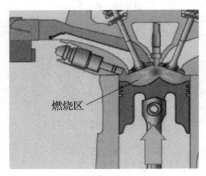
图2-85 混合气燃烧

3）均质混合气模式

均质混合气模式的空燃比为1，节气门开度按照加速踏板的位置来控制，在发动机负荷较大且转速较高时，进气歧管翻板就会完全打开，吸入的空气经过上、下进气道进入气缸，如图2-86所示。

其燃油喷射并不像分层充气模式那样在压缩行程发生，而是发生在进气行程中，这样燃油和空气就有了更充足的时间来混合，并且可以利用空气流动旋转的涡流来击碎燃油颗粒，使之混合得更加充分，如图2-87所示。

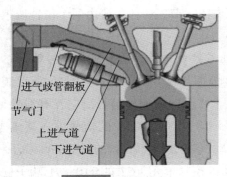
图2-86 进气状态

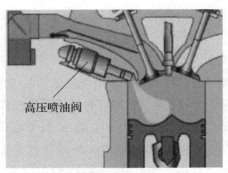
图2-87 喷油、进气状态

均质混合气模式的优点在于燃油直接喷入燃烧室内,而吸入的空气可抽走一部分燃油汽化时所产生的热量。这种内部冷却可以减缓爆震趋势,因此可以提高发动机的压缩比和热效率,如图2-88和图2-89所示。在高负荷时所进行的均质理论空燃比燃烧中,燃油则是在进气冲程中喷射。理论空燃比的均质混合气易于燃烧,不必借助涡流作用,因此由于进气阻力减小,开关阀打开。而在全负荷以外,进行废气再循环,限制泵吸损失,采用直喷化可使压缩比提高到12:1,即使在均质理论空燃比混合气燃烧中,仍能降低燃油消耗。

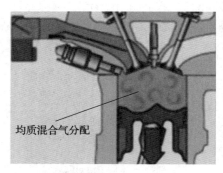

图2-88 混合气形成

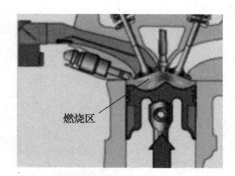

图2-89 混合气燃烧

二、相关技能

(1) 万用表、示波器、故障诊断仪等常见设备的使用。
(2) 维修资料的查阅、电路原理图的识读和分析。
(3) 常见故障的诊断与排除。
(4) 6S 管理和操作。

诊断流程分析

一、发动机节气门控制电机(T6e/5)线路虚接故障的诊断与修复

由节气门控制单元电路(图2-64)可以看出,节气门体主要由两个位置传感器和一个节气门驱动电机组成。

两个节气门位置传感器共用一个参考电压和搭铁线路,且分别将信号输送给发动机控制单元。在此仅介绍节气门驱动装置角度传感器G188的测量,节气门驱动装置角度传感器G187除信号特点有所不同外,即两个传感器的输出信号反向互补线性变化,随着节气门的开度增大,G188的信号电压逐渐降低,而G187的信号电压逐渐上升,节气门驱动电机G186的T6e/5端子直接与发动机控制单元J623的T105/90端子相连,并通过节气门驱动电机的T6e/3端子回到发动机控制单元J623的T105/91端子构成回路。只有在两个传感器同时给发动机控制单元J623提供准确信号时,J623才会采用

PWM 信号控制节气门驱动电机工作，驱动节气门翻板按一定开度打开。

因此，对节气门体的检查应该包含以下两方面内容：

（1）传感器信号及电路的检查；

（2）节气门驱动电机及电路的检查。

1. 故障现象

具体故障现象如下：

（1）打开点火开关，节气门处没有节气门驱动电机 G186 驱动节气门工作的"咔咔"声；

（2）起动发动机后 EPC 灯长亮，怠速基本正常；

（3）踩加速踏板，发动机无法加速。

2. 故障分析

（1）故障现象"打开点火开关，节气门处没有节气门驱动电机 G186 驱动节气门工作的'咔咔'声"说明：打开点火开关时发动机控制单元 J623 未能对节气门进行成功自检。

（2）故障现象"起动发动机后 EPC 灯长亮，怠速基本正常"说明：发动机节气门控制系统出现故障或者发动机系统出现故障。常见的 EPC 灯长亮的原因有：节气门积炭过多造成节气门打开的角度出现问题，影响节气门对进气量的控制；由于发动机失火缺缸，影响节气门对进气量的控制；节气门后方有漏气的情况发生，进气压力传感器检测到进气量数据不正常等。

（3）故障现象"踩加速踏板，发动机无法加速"说明：在加速过程中发动机功率不能跟进，这与加速时混合气的质量和燃烧效果不合理有关。故障原因可能有：进气量没有随加速而增大；喷油量没有随加速而增大；点火系统发生故障。

3. 诊断思路

1）读取故障码

打开点火开关，利用故障诊断仪在发动机控制单元 J623 中读取故障码，如图 2-90 所示。

002: 0001 - 发动机电控系统 （UDS / ISOTP / 3VD906259A / 0001 / H13 /
故障代码　　SAE 代码　　故障文本
03B2A [15146]　　P154500　　节气门控制，功能失效 （Throttle valve control system Malfunction）
04055 [16469]　　P210000　　节气门控制，断路 （Throttle Actuator Control Motor Circuit/Open）

图 2-90　读取节气门故障码

从以上各种代码可以看出，发动机控制单元 J623 无法控制节气门驱动电机 G186 的运行，从而造成发动机无法加速，下一步需读取节气门相关传感器的数值。

2）读取数据流

打开点火开关，不踩加速踏板时利用故障诊断仪读取节气门位置数据流如图 2-91 所示，踩下加速踏板时读取节气门相关数据也如图 2-91 所示，不踩加速踏板和踩下加速踏板节气门位置传感器的数据流一致。

测量值 - 显示测量值

测量值名称	RDID	值
节气门位置，绝对值	$F411	16.5 %
节气门位置1	$20EB	0.845 V
节气门位置2	$F447	16.5 %

图 2-91　读取节气门数据流

而打开点火开关，不踩加速踏板时加速踏板位置传感器的数据流如图 2-92 所示，加速踏板踩到底时的数据流如图 2-93 所示。

测量值 - 显示测量值

测量值名称	RDID	值
油门踏板位置	$F449	14.5 %
油门加速踏板位置2	$F44A	14.5 %
油门加速踏板，传感器电压1	$2061	0.723 V
油门加速踏板，传感器电压2	$2062	0.366 V

图 2-92　读取不踩加速踏板的数据流

测量值 - 显示测量值

测量值名称	RDID	值
油门踏板位置	$F449	71.4 %
油门加速踏板位置2	$F44A	71.8 %
油门加速踏板，传感器电压1	$2061	3.550 V
油门加速踏板，传感器电压2	$2062	1.782 V

图 2-93　读取踩下加速踏板的数据流

通过以上检测结果发现，加速踏板位置传感器的信号传输正常，而节气门位置传感器的信号在不踩加速踏板和加速踏板踩到底的过程中没有变化，并且在踩加速踏板的过程中节气门确实没有动作。结合故障码，造成此现象的可能原因有：

（1）节气门驱动电机 G186 发生故障；

（2）发动机控制单元 J623 与节气门驱动电机 G186 之间的电路发生故障；

(3) 发动机控制单元 J623 发生故障。

3) 测量节气门驱动电机 G186 的驱动信号

打开点火开关，慢慢踩下加速踏板，利用示波器测量节气门驱动电机的 T6e/5 端子与 T6e/3 端子之间的相对波形，正常情况下，发动机控制单元 J623 会输出如图 2-94 所示的 0 V 到 +B 之间的方波脉冲信号。在踩下加速踏板的过程中，实际测得 T6e/5 端子与 T6e/3 端子之间的相对波形如图 2-95 所示，说明节气门驱动电机没有接收到 J623 发出的驱动电压，这是因为 J623 检测到节气门有故障后会储存故障码，并且踩加速踏板时不再向节气门驱动电机 G186 发出驱动电压。但是每次打开点火开关的时候 J623 都会对节气门进行自检，自检时如果 J623 检测到 G186 的供电电路是闭合电路还会向 G186 发出驱动电压。下面测量打开点火开关时，G186 接收到的驱动电压波形。

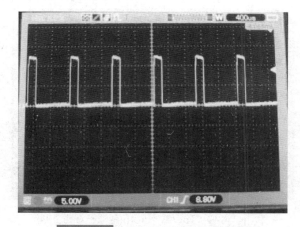

图 2-94　节气门电机驱动标准波形

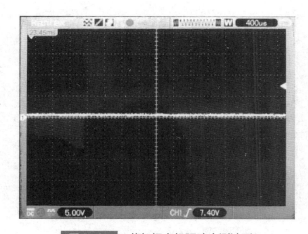

图 2-95　节气门电机驱动实测波形

4) 分别测量节气门驱动电机 T6e/3 端子、T6e/5 端子的对地波形

打开点火开关，利用示波器实际测得 T6e/3 端子、T6e/5 端子分别对地产生如图 2-96 所示的一致波形。

5) 分别测量 J623 的 T105/90 端子、T105/91 端子的对地波形

打开点火开关，利用示波器测得 T105/91 端子的对地波形如图 2-97 所示，在 J623 没有控制 T105/90 端子接地的时候，T105/90 端子的对地电压是 2.5 V，这个 2.5 V 的电压是由 T105/91 端子提供的参考电压，J623 以此判断从 T105/90 端子—T6e/3 端子—G186 端子—T6e/5 端子—T105/91 端子是闭合电路，所以在 J623 对节气门自检时会对 T105/91 端子提供 12 V 电压，对 T105/90 端子提供搭铁，为 G186 提供驱动电压。

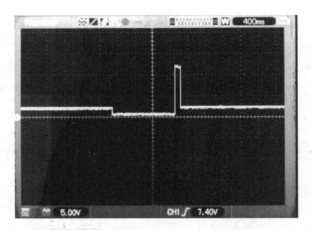

图 2-96　T6e/3、T6e/5 两端子对地波形

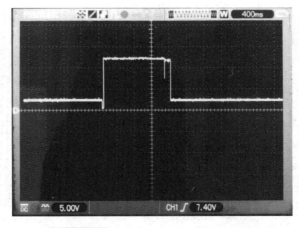

图 2-97　T105/91 端子对地实测波形

综合以上两步的测量结果发现，J623 的 T105/91 端子的对地电压波形和 G186 的 T6e/5 端子的对地电压波形不一致，从波形来看，在 J623 对 G186 的驱动电压断电时在 T6e/5 端子产生感应电动势，说明电路中有电流通过，综上所述 T105/91 端子与 T6e/5 端子之间存在虚接故障。

6）检测 G186 的 T6e/3 端子和 J623 的 T105/91 端子之间线束的导通性

关闭点火开关，断开蓄电池负极，拔掉 J623 的 T105 和节气门体的 T6e 插接器，利用数字式万用表测量 G186 的 T6e/3 端子和发动机控制单元 J623 的 T105/91 端子间的电阻，应该小于 0.1 Ω，实际测量阻值为 1 000 Ω，虚接修复后，故障现象消失。

由于 G186 的 T6e/3 端子和 J623 的 T105/91 端子之间线路存在虚接，导致节气门驱动电机功率不足，节气门无法正常打开，出现上述故障现象。

发动机节气门控制电机（T6e/5）线路虚接故障诊断学生考核报告表见表 2-6。

表2-6 发动机节气门控制电机（T6e/5）线路虚接故障诊断学生考核报告表

		配分	扣分	判罚依据
故障现象描述				
可能的故障原因				
故障点和故障类型确认 （同时需要在维修手册上指出故障位置）	※注明测试条件、插件代码和编号、控制单元针脚代号以及测量结果； ※在电路图上指出最小故障线路范围或故障部件			

二、发动机点火线圈供电断路故障的诊断与修复

1. 故障现象

发动机起动正常，怠速抖动，仪表 EPC 灯长亮。

2. 故障分析

造成发动机抖动的原因很多，主要分为以下三种情况：

（1）发动机的动平衡差，造成发动机抖动，这种抖动随发动机转速提高而加剧；

（2）发动机各缸功率不平衡，造成发动机抖动，这种抖动的最大特点是抖动和发动机转速同步；

（3）发动机动力不足，造成发动机抖动，这种抖动的最大特点是一旦加速抖动就消失。

该故障的特点是抖动与发动机转速同步，说明其极有可能是发动机缺缸造成的，可能原因有：

（1）某气缸喷油器或其电路发生故障；

（2）某气缸火花塞、点火模块或其电路发生故障；

（3）某气缸密封性或进排气发生故障。

3. 诊断思路

1）读取故障码

打开点火开关，利用故障诊断仪读取故障码，如图 2-98 所示。

故障代码	SAE 代码	故障文本
03B15 [15125]	P030100	气缸1，检测到不发火 (Cyl.1 Misfire Detected)
03AE2 [15074]	P130A00	气缸压缩比 (Hide cylinder)

图 2-98　读取故障码

由故障码可知，气缸 1 检测不到发火。失火是发动机常见故障之一，引起失火的原因众多，如油路、电路、机械部分任何一个地方出现问题都可能引起发动机失火故障。发动机失火后，不仅会引起发动机运转的平稳性、动力性和经济性下降，更会因为燃料的不完全燃烧或根本没有燃烧而导致污染排放的增加，因此汽车 OBD 系统都会对发动机的失火故障进行监测，当监测到失火现象时，在点亮发动机故障灯的同时也会设置相应的故障码。

目前主要利用发动机控制系统的曲轴位置传感器和凸轮轴位置传感器监测发动机转速。发动机失火会导致发动机曲轴转速不稳，根据这一特性，发动机 ECU 可根据发

动机的曲轴位置传感器来监控发动机曲轴旋转平稳情况。通常发动机转动不是匀速的，每缸在做功时都有一个加速，不做功就没有加速。正常情况下，发动机每缸压缩、做功，先减速后加速，属于正常现象。

当发动机某一缸因某种原因失火时，除发动机压缩期间转速瞬时有所减小外，由于发动机失火，缺乏做功时的加速，其转速会继续下降，直到下一缸做功为止，从而使转速出现一次较大的波动。随后若不再出现失火情况，则曲轴转速变化情况会逐渐变回正常；若该缸失火原因继续存在，则该缸会连续失火，从而造成曲轴转速呈周期性波动的变化。

因此，OBD 系统就可以通过安装在曲轴上的曲轴位置传感器来监测发动机转速变化的情况，如果出现较大波动，则说明发生了失火现象；大幅波动的次数则反映了失火的次数；进而通过凸轮轴位置传感器可进一步判断是哪一个气缸出现了失火。

根据失火率（发动机在一定转速和负荷范围内失火次数占总点火次数的百分比），OBD 系统将检测到的失火故障分为 A 型和 B 型两类。A 型失火是指导致三元催化转化器热老化的失火，会造成三元催化转化器的损坏，以失火率 5%～15% 为判断标准；B 型失火是指造成排放超过 OBD 限值的失火，以失火率 1% 为判断标准。与那些一个工作循环只作用一次或几次的监控相比，失火监测是一种不间断监测，它可以连续不断地对曲轴位置传感器信号的波动进行监控。当检测到 A 型或 B 型失火故障时，OBD 系统会点亮发动机排放故障指示灯，并设置相应故障码。

通过以上故障码可以看出，其是三缸失火造成发动机缺缸，可能原因有：

（1）三气缸喷油器或其电路发生故障；

（2）三气缸火花塞、点火模块或其电路发生故障；

（3）三气缸密封性或进排气发生故障。

为验证故障码，下一步需读取发动机失火数据流。

2）读取失火数据流

起动发动机，利用故障诊断仪读取发动机失火数据流，如图 2-99 所示。

测量值名称	RDID	值
失火检测状态	$2905	激活
燃烧中断数，气缸1	$2966	87
燃烧中断数，气缸2	$2967	0
燃烧中断数，气缸3	$2968	0
燃烧中断数，气缸4	$2969	0

图 2-99　发动机失火数据流

读取数据流发现，一缸失火并且怠速工况下失火数不断上升，优先检测一缸点火系统工作情况。

3）检测 N70 供电搭铁

起动发动机，利用示波器测量 N70 的 T4u/4 端子的对地电压波形，如图 2-17 所示。正常情况下，T4u/4 端子对地电压波形为 12 V 直线，实际测得电压为 0 V 直线，说明 N70 的供电异常。

4）检测 J757 输出

发动机怠速，利用数字式万用表测量 J757 的 87 端子的对地电压，正常情况下为蓄电池电压，实际测量为 12.6 V，说明 J757 输出电压正常。检测结果表明 J757 的 87 端子到 N70 的 T4u/4 端子间线路发生故障，下一步需对线路进行线束检测。

5）线束检测

关闭点火开关，断开蓄电池负极，断开 N70 的 T4u 插接器，利用数字式万用表测量 J757 的 87 端子至 N70 的 T4u/4 端子间电阻，阻值应该小于 0.1 Ω，实际测量阻值为无穷大，说明 J757 的 87 端子至 T4u/4 端子间线路断路，修复后，故障现象消失。

发动机点火线圈供电断路故障诊断学生考核报告表见表 2-7。

表2-7 发动机点火线圈供电断路故障诊断学生考核报告表

		配分	扣分	判罚依据
故障现象描述				
可能的故障原因				
故障点和故障类型确认 (同时需要在维修手册上指出故障位置)	※注明测试条件、插件代码和编号、控制单元针脚代号以及测量结果； ※在电路图上指出最小故障线路范围或故障部件			

项目三
汽车防盗系统故障诊断

任务 1　无钥匙进入功能失效故障诊断

任务描述

一辆迈腾 B8 轿车，无钥匙进入功能失效，即驾驶员携带该车钥匙，触摸车门门把手触摸传感器，车门无法打开。请对该车辆进行维修，并填写诊断报告。

任务分析

要完成该故障的诊断与排除，需要具备如下的知识和技能。

一、相关知识

1. 无钥匙进入的工作原理

一个人拿着钥匙靠近车辆，触摸车门门把手触摸传感器 G415 至 G418 中的一个（或者基于车型，或者基于设置，有的车型只有左前车门门把手能开启所有车门，有的车型两个前车门门把手均可以开启所有车门，其余车门门把手只能开启自身车门，有的车型四个车门门把手均可以开启所有车门），该传感器（电流约 14 mA）唤醒进入及起动许可控制单元 J965，J965 被唤醒后，一方面通过唤醒线唤醒 J519（J519 持续向唤醒信号线提供蓄电池电压，J965 短时间拉低唤醒线的高电平），另一方面 J965 向该侧车门室外天线发送 125 kHz 低频信号（包括钥匙唤醒信息、ID 码询问信息等）；已授权的钥匙被唤醒后指示灯会闪烁，验证 ID 码若合法，则发出 433 MHz 的高频信息（含钥匙 ID 码、钥匙接收到的天线信息），J519 通过内置高频天线 R47 接收钥匙信息，验证钥匙 ID 码若合法，则唤醒舒适 CAN 总线（注意对钥匙身份的甄别和解锁均由 J519 完成，J285 在此过程中不起作用），同时通过网关 J533 进一步唤醒动力 CAN 总线，同时车辆还会有以下反应：

（1）J519 控制车辆四角的所有转向灯闪烁；

（2）各车门控制模块接收到来自 CAN 总线的解锁信息，控制门锁电机、后视镜折叠电机（需要考虑车辆设置功能）、后视镜转向灯动作；

（3）仪表 J285 接收到来自 CAN 总线的信息，控制其自身的转向指示灯闪烁两次；

（4）发动机控制单元 J623 激活 J271 继电器约 8 s，但此时油泵不运转；

（5）车辆蜂鸣器发出响声；

（6）舒适 CAN 总线通过 J965 点亮点火开关背景灯，通过 J519、LIN、灯光旋钮开关点亮其背景灯；

（7）驱动 CAN 总线上的 J623 激活 J271 继电器（持续约 8 s），同时通过油泵控制信号线激活 J538，控制油泵运转一段时间（取决于油压），实现预供油。

接着拉开车门，车门开关 F2 信号经 J386 激活并传送至舒适 CAN 总线系统，车辆会做出以下反应：

（1）组合仪表控制单元 J285 接收到 CAN 总线被车门开关 F2 激活的信息后，会点亮仪表中心屏幕，并且根据每个车门的开关状态信息显示四个车门、发动机机舱盖、后备箱盖的开闭状态；

（2）由于 CAN 总线处于激活状态，一些不受点火开关控制的系统或部件就会工作，例如中控锁开关、后备箱锁开关、喇叭按钮、危险报警灯开关等。

汽车防盗控制原理如图 3-1 所示。

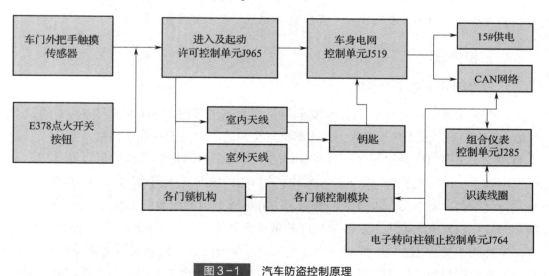

图 3-1　汽车防盗控制原理

2. 无钥匙进入正常工作的条件

（1）遥控钥匙自身无故障。

（2）J965、J519、J285 等控制模块自身无故障，供电和搭铁线路连接正常。

（3）各信号线路连接正常。

（4）触摸传感器和天线工作正常。

二、相关技能

(1) 万用表、示波器、故障诊断仪等常见设备的使用。
(2) 维修资料的查阅、电路原理图的识读和分析。
(3) 常见故障的诊断与排除。
(4) 6S 管理和操作。

诊断流程分析

一、J965 保险丝 SC19 的故障诊断

1. 故障现象

具体故障现象如下：

(1) 无钥匙进入功能失效，操作时钥匙指示灯不闪烁，使用钥匙遥控键可以开启车门，但 E378 背景灯不能点亮；

(2) 打开车门进入车内，仪表显示车门状态正常，（偶尔）能感觉到油泵运转，钥匙指示灯始终没有闪烁，仪表未提示"未检测到钥匙"；

(3) 操作 E378，钥匙指示灯不闪烁，仪表未提示"未检测到钥匙"，方向盘不能正常解锁，仪表未点亮，发动机无法起动；

(4) 应急起动也无法打开点火开关。

2. 故障分析

(1) 所有车门无钥匙进入时钥匙指示灯不闪烁，说明各车门触摸传感器→J965→室外天线→钥匙工作异常。

(2) 拉开、关闭车门时钥匙指示灯不闪烁，说明 F2→J386（通过 CAN）→J519→J965→室内天线→钥匙工作异常，但仪表显示车门状态正常，说明 F2→J386（通过 CAN）→J519→J285 工作正常。

(3) 打开点火开关时钥匙指示灯不闪烁，说明 E378→J965→室内天线→钥匙、J965（通过 CAN）→J285 工作异常，但仪表显示车门状态正常，说明 J285 与 CAN 通信正常。

根据故障概率，各车门触摸传感器、F2、E378、各天线同时损坏的概率几乎为零，那么造成以上三种故障的原因应该为三种控制流程中的共同部分即 J965 自身故障、电源故障。

3. 诊断思路

(1) 使用遥控钥匙打开车门，反复频繁操作钥匙遥控器开锁（激活舒适系统），读

取故障码，J965 无法通信，进一步验证了之前的分析是正确的。J965 供电搭铁线路如图 3-2 所示。

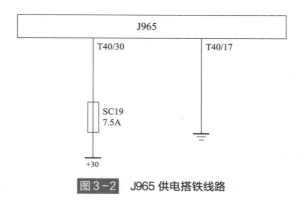

图 3-2　J965 供电搭铁线路

（2）检测 J965 端 CAN 总线波形，波形未见异常，如图 3-3 所示。

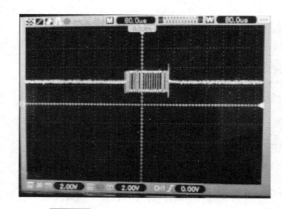

图 3-3　J965 端 CAN 总线实测波形

（3）检查 J965 的电源。利用万用表测量 J965 的 T40/30 端子和 T40/17 端子之间的电压，正常情况下应为 +B，实测结果为 0 V，说明 J965 电源存在故障。

（4）测量 J965 的 T40/30 端子的对地电压。利用万用表测量 J965 的 T40/30 端子的对地电压，正常情况下应为 +B，实测结果为 0 V，说明故障在 J965 供电上游电路，可能原因有：

① 测试点到保险丝之间电路断路或对地短路；

② 保险丝自身故障；

③ 保险丝上游电路故障。

（5）检查 SC19 两端的对地电压。利用万用表测量 SC19 两端的对地电压，正常情况下两端对地电压均为 +B，实测结果一端为 +B，另一端为 0 V，说明 SC19 存在断路故障。

（6）检查保险丝下游电路对地电阻。关闭点火开关，利用万用表检查保险丝用电器一端的对地电阻，根据保险丝的通流能力，说明用电器的最小电阻应大于 2 Ω，实测结果几乎为零，说明保险丝下游对地短路。

（7）排除电路故障。更换保险丝后，系统恢复正常。

4. 故障机理

由于 J965 正极电源发生故障，造成 J965 无法工作，室内外天线均无法发射信号，所以钥匙指示灯不闪烁，无钥匙进入功能失效，进入车内后方向盘也无法解锁；由于 J965 没有电源供给，所以点火开关背景指示灯也无法点亮；由于 J965 不能工作，所以无法识别点火开关的信号，所有点火开关控制的功能均失效。

J965 保险丝 SC19 的故障诊断学生考核报告表见表 3-1。

表 3-1　J965 保险丝 SC19 的故障诊断学生考核报告表

		配分	扣分	判罚依据
故障现象描述				
可能的故障原因				
故障点和故障类型确认 (同时需要在维修手册上指出故障位置)	※注明测试条件、插件代码和编号、控制单元针脚代号以及测量结果； ※在电路图上指出最小故障线路范围或故障部件			

二、舒适 CAN 总线对正极、负极短路或虚接的故障诊断

1. 故障现象

具体故障现象如下：

（1）无钥匙进入功能失效，操作时钥匙指示灯闪烁，但车外所有转向灯及仪表上的警报指示灯均不闪烁，后视镜无法展开；

（2）操作钥匙遥控器，不能解锁车门，后视镜上的转向灯及仪表上的警报指示灯不能正常闪烁，后视镜不能展开，但四角的转向灯、油箱盖、后备箱可以打开；

（3）E378 背景灯不能点亮；

（4）使用机械钥匙，只能解锁左侧车门；

（5）进入车内并关闭车门，钥匙指示灯不闪烁，仪表不能显示车门状态，方向盘不能解锁；

（6）按下 E378，钥匙指示灯不闪烁，方向盘无法解锁，仪表不能点亮，整车不能上电，应急起动不能打开点火开关。

2. 故障分析

（1）打开、关闭车门时，钥匙指示灯不闪烁，说明 F2→J386（通过 CAN）→J965→室外天线→钥匙工作异常。

（2）打开点火开关时，钥匙指示灯不闪烁，说明 E378→J965→室内天线→钥匙、J965（通过 CAN）→J285 工作异常，但仪表显示车门状态正常，说明 J285 与 CAN 通信正常。

（3）所有车门无钥匙进入时钥匙指示灯闪烁，说明各车门触摸传感器→J965→室外天线→钥匙工作正常，且室外天线、J965 及其电源均没有故障。

根据故障概率，各车门 F2、E378、各天线同时损坏的概率很低，那么造成以上故障的原因应该为 J965 没有与外界进行通信，可能原因为 J965 端 CAN 故障。

3. 诊断思路

1）读取故障码

打开危险信号报警灯，利用故障诊断仪读取 J533 故障码（66051），表明舒适系统数据总线无通信。

2）利用示波器测量 J965 侧 CAN 总线波形

（1）针对 CAN-H 对正极短路的诊断。通过波形（图 3-4 和图 3-5）可以看出，测试结果异常，CAN-H 可能对正极短路。修复后，故障现象消失。

（2）针对 CAN-L 对正极短路的诊断。通过波形（图 3-6 和图 3-7）可以看出，测试结果异常，CAN-L 可能对正极短路。修复后，故障现象消失。

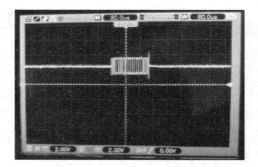

图3-4 正常波形

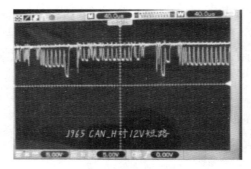

图3-5 实测波形

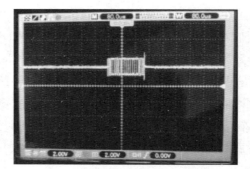

图3-6 正常波形

图3-7 实测波形

(3) 针对 CAN-H 对地短路的诊断。通过波形（图 3-8 和图 3-9）可以看出，测试结果异常，CAN-H 可能对地短路。

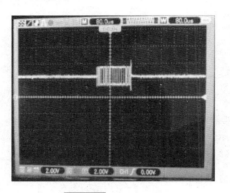

图 3-8　正常波形

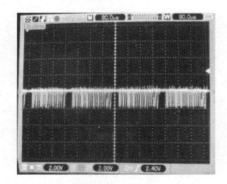

图 3-9　实测波形

注意：以上示例为 CAN-H 或 CAN-L 对正极或地的短路故障。如果故障为 CAN-H 或 CAN-L 对地虚接，则隐性电压为 0～2.5 V 的某个值，该值的大小与电阻有关，电阻越大，电压越接近 2.5 V；如果故障为 CAN-H 或 CAN-L 对正极短路，则隐性电压为蓄电池电压；如果故障为 CAN-H 或 CAN-L 正极虚接，则隐性电压为 2.5 V 到蓄电池电压之间的某个值，该值的大小与电阻有关，电阻越大，电压越接近 2.5 V。

在有些车型上，CAN-H 对正极短路、CAN-L 对负极短路对系统几乎没有影响。

3）测量舒适 CAN 总线的对地电阻

断开舒适系统的控制模块插头，利用万用表测量舒适 CAN 总线的对地电阻，正常阻值应为无穷大，实测 CAN-L 对地电阻为无穷大，CAN-H 对地电阻为 0 Ω，说明舒适 CAN-H 线路对地短路，修复线路后系统恢复正常。

4. 故障机理

由于舒适总线 CAN-H 对地短路，造成所有舒适系统控制单元不能正常收发信息，进而导致依靠舒适总线传递信号的系统工作异常，造成上述故障现象。

舒适 CAN 总线对正极、负极短路或虚接故障诊断学生考核报告表见表 3-2。

表 3-2 舒适 CAN 总线对正极、负极短路或虚接故障诊断学生考核报告表

		配分	扣分	判罚依据
故障现象描述				
可能的故障原因				
故障点和故障类型确认 (同时需要在维修手册上指出故障位置)	※注明测试条件、插件代码和编号、控制单元针脚代号以及测量结果; ※在电路图上指出最小故障线路范围或故障部件			

任务2　一键起动功能异常故障诊断

📎 任务描述

一辆迈腾 B8 轿车，一键起动功能失效，即驾驶员按下一键起动按钮，发动机无法起动。请对该车辆进行维修，并填写诊断报告。

📎 任务分析

要完成该故障的诊断与排除，需要具备如下的知识和技能。

一、相关知识

1. 一键起动

按下一键起动按钮 E378，进入及起动许可控制单元 J965 开始处理信号并唤醒 J519 及舒适 CAN 总线系统，且通过舒适 CAN 总线查询防盗锁止系统控制单元（J285 内部）是否允许接通 15#电源。防盗锁止系统控制单元（J285 内部）会查询车内是否有授权钥匙，进入及起动许可控制单元 J965 通过车内天线发送一个查询码（125 kHz 低频信号）给已匹配的钥匙，授权钥匙识别到该信号后进行编码并向 J519 返回一个应答器数据（433 MHz 高频信号），J519 将该数据经舒适 CAN 总线转发给防盗锁止系统控制单元（J285 内部），防盗锁止系统控制单元（J285 内部）通过比对确认是否为已授权钥匙。如果为授权钥匙，则防盗锁止系统控制单元（J285 内部）通过舒适 CAN 总线向电子转向柱锁止控制单元 J764 发送一个解锁命令，以打开电子转向柱（方向盘可以转动），防盗锁止系统控制单元（J285 内部）收到方向盘解锁信号后，向 J965 发出允许接通 15#电源的信号，J965 收到信号后，再通过其端子 T40/40 至 J519 的 T73a/54 端子的线路向 J519 发送 S 触点信号，通过其端子 T40/35 至 J519 的 T73a/47 端子的线路和 T40/27 至 J519 的 T73a/44 端子的线路向 J519 发出 15#电源请求信号，J519 收到信号后，一方面通过 CAN 总线点亮仪表等；另一方面向 J329 继电器电磁线圈提供电源，使 J329 继电器工作，并为部分用电设备提供电源；还向 J623 和 J743 等驱动系统控制单元提供 15 信号，J623 和 J743 等控制单元会通过驱动 CAN 总线、J533、舒适 CAN 总线和 J285 内的防盗锁止系统控制单元进行身份信息交换和验证。确定钥匙身份合法后，会执行以下四种操作：

（1）传送验证结果给 J764，使方向盘解锁；

（2）激活舒适 CAN 总线，组合仪表点亮，可以正常进行自检，并正确显示故障和系统状态信息；

（3）通过 15 信号激活 J623，以促使 J623 等动力系统控制模块与 J285 彼此进行身份验证，然后经 J271 及 J538 激活油泵运转一定的时间，以再次蓄压；

（4）J519 通过提供电源给 J329，驱动 J329 继电器电磁线圈，使继电器工作，所有验证通过后，驱动系统就会进入工作状态，仪表上的 EPC 灯和刹车指示灯在打开点火开关时会点亮。

2. 应急起动

一般在钥匙没电或者室内天线均不起作用的情况下，可以通过把钥匙放在识读线圈附近来尝试打开点火开关。将遥控钥匙放到转向柱右侧钥匙识读线圈 D 处，按下一键起动按钮 E378，进入及起动许可控制单元 J965 开始处理信号并唤醒 J519 及舒适 CAN 总线系统，且通过舒适 CAN 总线查询防盗锁止系统控制单元（J285 内部）是否允许接通 15#电源，防盗锁止系统控制单元（J285 内部）会通过钥匙识读线圈读取钥匙信息，确认是否为已授权钥匙。如果为授权钥匙，则防盗锁止系统控制单元（J285 内部）通过舒适 CAN 总线向电子转向柱锁止控制单元 J764 发送一个解锁命令，以打开电子转向柱（方向盘可以转动），防盗锁止系统控制单元（J285 内部）收到方向盘解锁信号后，向 J965 发出允许接通 15#电源的信号，J965 收到信号后，再通过其端子 T40/40 至 J519 的 T73a/54 端子的线路向 J519 发送 S 触点信号，通过其端子 T40/35 至 J519 的 T73a/47 端子的线路和 T40/27 至 J519 的 T73a/44 端子的线路向 J519 发出 15#电源请求信号，J519 收到信号后，一方面通过 CAN 总线点亮仪表等；另一方面向 J329 继电器电磁线圈提供电源，使 J329 继电器工作，并为部分用电设备提供电源；还向 J623 和 J743 等驱动系统控制单元提供 15 信号，J623 和 J743 等控制单元会通过驱动 CAN 总线、J533、舒适 CAN 总线和 J285 内的防盗锁止系统控制单元进行身份信息交换和验证。确定钥匙身份合法后，会执行以下四种操作：

（1）传送验证结果给 J764，使方向盘解锁；

（2）激活舒适 CAN 总线，组合仪表点亮，可以正常进行自检，并正确显示故障和系统状态信息；

（3）通过 15 信号激活 J623，以促使 J623 等动力系统控制模块与 J285 彼此进行身份验证，然后经 J271 及 J538 激活油泵运转一定的时间，以再次蓄压；

（4）J519 通过提供电源给 J329，驱动 J329 继电器电磁线圈，使继电器工作，所有验证通过后，驱动系统就会进入工作状态，仪表上的 EPC 灯和刹车指示灯在打开点火开关时会点亮。

二、相关技能

（1）万用表、示波器、故障诊断仪等常见设备的使用。

(2) 维修资料的查阅、电路原理图的识读和分析。

(3) 常见故障的诊断与排除。

(4) 6S 管理和操作。

诊断流程分析

一、E378 内部触点损坏的故障诊断

1. 故障现象

具体故障现象如下：

(1) 无钥匙进入可正常开启车门，所有转向灯及仪表上的警报指示灯闪烁正常，后视镜打开，车辆发出短暂声响；

(2) 进入车内并关闭车门，钥匙指示灯闪烁，仪表正常显示车门状态，方向盘正常解锁，灯光开关旋钮背景指示灯、E378 背景指示灯正常点亮；

(3) 操作 E378，无法打开点火开关，钥匙指示灯不闪烁，仪表不亮，起动机不转，用应急方式也无法打开点火开关。

2. 故障分析

一键起动时钥匙指示灯不闪烁，说明 E378→J965（通过 CAN）→J285、J965→室内天线→钥匙工作异常；但无钥匙进入时，仪表上的转向指示灯闪烁正常，说明车门外把手触摸传感器→J965（通过唤醒线、CAN）→J519（通过 CAN）→J285、J965→室外天线→钥匙→J519 工作正常；E378 背景指示灯点亮，说明 J965（通过一根导线）→E378 背景指示灯→搭铁工作异常。

注意：根据车辆技术特点，车内前部天线属于主天线，如果其出现故障，车外天线均失效，现在无钥匙进入功能正常，说明室内天线没有问题。由此可以推出，E378 与 J965 之间信号电路存在故障，具体表现如下：

(1) E378 自身故障；

(2) E378 到 J965 之间的信号线路故障；

(3) J965 局部故障。

3. 诊断思路

1) 读取故障码

由于点火开关无法打开，故障诊断仪可能无法进行通信，可以通过操作钥匙遥控器、变光灯、中控锁开关等方法激活 CAN 总线，以便进行通信。读取后发现无故障码。基于测量方便原则，下一步利用故障诊断仪读取 J965 内的 15 信号。

2）利用故障诊断仪在 J965 内读取 15 信号

测试时，反复操作变光灯开关，利用故障诊断仪读取 J965 内 15 相关数据组，正常情况下，打开点火开关时应显示为 OFF-ON，实测为 OFF，测试结果异常，说明 J965 没有接收到正常的来自 E378 的 15 信号。可能原因有：

（1）J965 自身故障；

（2）J965 与 E378 之间线路故障；

（3）E378 自身故障。

基于信号形成原理及测量方便原则，下一步需测量 E378 的输出信号。

3）测量 E378 的输出信号

按下 E378，利用万用表分别测量 E378 的 T6as/3、T6as/6 的对地电压（图 3-10），正常情况下两个端子的对地电压均为 +B→0 V，实测结果为 T6as/3 对地电压为 +B→0 V，正常；而 T6as/6 对地电压为 +B 不变，异常。由于 E378 的 T6as/3 对地电压正常，说明 E378 的搭铁线路正常；而 T6as/6 的对地电压异常，说明 E378 自身存在故障。

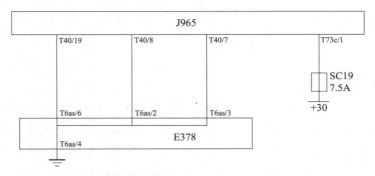

图 3-10　一键起动按钮 E378 电路图

为了确保不会错误地更换配件，加之该配件可以进行单件测试，所以最好进一步确认。

4）E378 单件测试

拔掉 E378 的电气连接器，反复操作 E378，测量 E378 的 T6as/4 和 T6as/3、T6as/4 和 T6as/6 之间的电阻，正常情况下，没有操作 E378 时，两个端子之间电阻应为无穷大，而操作 E378 时，两个端子之间电阻应为 0 Ω，否则就说明点火开关触点损坏。

5）故障排除

更换 E378 后，车辆恢复正常。

4. 故障机理

由于点火开关故障，造成 J965 无法准确识别驾驶员的指令，因此系统不会针对 15 信号做出反应，仪表不亮，发动机无法起动。

E378 内部触点损坏故障诊断学生考核报告表见表 3-3。

表 3-3　E378 内部触点损坏故障诊断学生考核报告表

		配分	扣分	判罚依据
故障现象描述				
可能的故障原因				
故障点和故障类型确认 （同时需要在维修手册上指出故障位置）	※注明测试条件、插件代码和编号、控制单元针脚代号以及测量结果； ※在电路图上指出最小故障线路范围或故障部件			

二、J285 电源的故障诊断

1. 故障现象

具体故障现象如下：

（1）无钥匙进入功能正常；

（2）拉开车门，进入车内，E378 背景灯正常点亮，但仪表不能显示车门状态，钥匙指示灯不闪烁；

（3）打开点火开关，钥匙指示灯不闪烁，方向盘无法解锁，仪表不能点亮，整车不能上电，应急起动失效，起动机不转。

2. 故障分析

（1）开闭车门时仪表不能显示车门状态，说明门锁开关→J386（通过 CAN）→J285 工作异常，但点火开关背景灯点亮，说明门锁开关→J386（通过 CAN）→J965→E387 工作正常。

（2）打开点火开关，仪表不能点亮，说明 E387→J965（通过唤醒、15、S、CAN）→J519（通过 CAN）→J285、J965→车内天线→钥匙→J519 工作异常。

综合上述所有故障现象，判断均与 J285（图 3-11）没有参与工作有关，可能原因有：

（1）J285 自身存在故障；

（2）J285 电源电路存在故障；

（3）J285 通信线路存在故障。

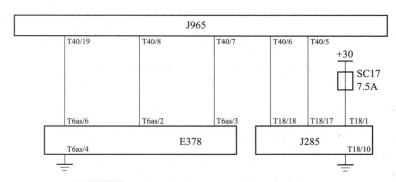

图 3-11　组合仪表控制单元 J285 相关控制电路

3. 诊断思路

（1）反复操作超车灯开关，然后读取故障码，发现故障诊断仪与 J285 无法正常通信，验证之前的分析是正确的。

（2）测量 J285 的 CAN 总线端子对地波形，以验证故障码的真实性。反复操作超车灯开关，利用示波器测量 J285 的 CAN-H、CAN-L 端子对地波形，标准波形如图 3-12

所示，实测波形如图 3-13 所示。由波形图可以看出，J285 与外界之间的 CAN 总线未发现故障，需进一步检查 J285 的电源是否正常。

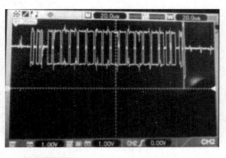
图3-12　J285 的 CAN 正常波形

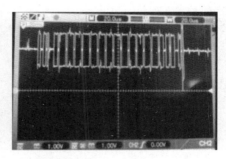
图3-13　J285 的 CAN 实测波形

（3）测量 J285 的 T18/1、T18/10 端子之间的电压。在任何工况下，利用万用表测量 J285 的 T18/1、T18/10 端子之间的电压，正常应为 +B，实测为 0 V，说明 J285 供电异常，可能原因有：

① J285 供电异常；

② J285 搭铁异常。

为了确定故障范围，可以测量 J285 的 T18/1 和 T18/10 任一端子的对地电压。

（4）测量 J285 的 T18/1 端子的对地电压。在任何工况下，利用万用表测量 J285 的 T18/1 端子的对地电压，正常应为 +B，实测为 0 V，说明 J285 供电异常，可能原因有：

① 测试点到 SC17 之间电路故障（包括断路及对地短路）；

② SC17 及其供电电路故障。

（5）测量 SC17 两端对地电压。在任何工况下，利用万用表测量 SC17 两端对地电压，正常均应为 +B，实测一端为 +B，另一端为 0 V，说明保险丝损坏。

（6）测量保险丝用电器端对地电阻，以检查保险丝损坏的原因。拔掉保险丝，利用万用表测量用电器端对地电阻，正常应大于 2 Ω，实测为 0 Ω，说明用电器端对地短路。

（7）排除故障。修复线路后，系统恢复正常。

4. 故障机理

由于 J285 与 SC17 之间电路对地短路，造成 SC17 损坏，导致 J285 无法与外界通信，进而造成在进入车内关闭车门、打开点火开关时均无法对钥匙进行甄别，所以无法激活网络而导致上述故障现象；无钥匙进入功能正常是因为无钥匙进入时对钥匙身份的甄别是由 J519 完成的，而在进入车内、关闭车门和打开点火开关时，J285 在被总线瞬间唤醒后需要问询车内是否多了合法钥匙，然后 J965 才会找寻钥匙，钥匙指示灯才会闪烁，所以 J285 没有收到进入车内、关闭车门和打开点火开关信号时，系统就没有进一步反应。

J285 电源故障诊断学生考核报告表见表 3-4。

表3-4 J285电源故障诊断学生考核报告表

		配分	扣分	判罚依据
故障现象描述				
可能的故障原因				
故障点和故障类型确认 (同时需要在维修手册上指出故障位置)	※注明测试条件、插件代码和编号、控制单元针脚代号以及测量结果; ※在电路图上指出最小故障线路范围或故障部件			

项目四
汽车灯光系统故障诊断

任务1 近光灯工作异常故障诊断

任务描述

一辆迈腾 B8 轿车,打开点火开关,将灯光开关旋至近光灯挡,左侧近光灯不亮,右侧近光灯正常,仪表显示"请检查左侧前照灯"。请对该车辆进行维修,并填写诊断报告。

任务分析

要完成该故障的诊断与排除,需要具备如下的知识和技能。

一、相关知识

1. 近光灯结构组成及控制原理

迈腾 B8 近光灯控制系统通过车载电网控制单元 J519 集中控制,近光灯系统包括灯光开关、左前大灯总成、右前大灯总成、组合仪表控制单元 J285、车载电网控制单元 J519 等元器件,如图 4-1 所示。

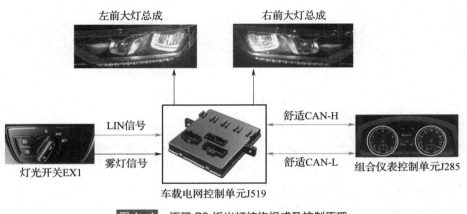

图 4-1 迈腾 B8 近光灯结构组成及控制原理

1）灯光开关

灯光开关安装在转向柱左侧仪表台偏下的位置（图4-2），把开关转到相应的位置，车灯打开时，指示符号灯点亮。

图4-2 迈腾B8灯光开关

控制开关由以下部分组成：

(1) O——关灯（在有些国家的车型上，点火开关打开时，日间行车灯被打开）。

(2) AUTO——根据亮度（如黄昏时分、下雨及在隧道内时）自动开关行车灯；

(3) 驻车灯开关；

(4) 近光灯开关；

(5) 前雾灯开关；

(6) 后雾灯开关。

如图4-3所示，灯光开关内的开关、按键和调节器的所有信号都由车载电网控制单元J519通过LIN总线读取，开关照明和各个功能的指示灯的指令由车载电网控制单元J519传给灯光开关。冗余线通过开关内部的电路被引至搭铁，用于校验开关位置的正确性。

如果LIN线或者冗余线短路或者断路，那么车载电网控制单元J519的应急照明功能被激活，近光灯接通，车载电网控制单元J519的故障存储器内会相应地记录一个故障。

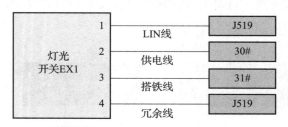

图4-3 迈腾B8灯光开关电路简图

2）前大灯总成

迈腾B8为了节省电能以及增加前照灯的亮度，左、右近光灯和远光灯照明均采用LED（发光二极管）模块照明的方式，如图4-4所示。

从迈腾B8近光灯LED单元主要部件（图4-5）可以看出，位于支架上方的LED模块与支架一起构成一个较大的散热体，用于LED的被动散热。LED光束从上方照进反光罩，并照射到道路上。在支架上还有带日间行车灯、驻车灯LED的电路板。

项目四 汽车灯光系统故障诊断

图4-4 迈腾B8标准版LED大灯结构

图4-5 迈腾B8近光灯LED单元主要部件

从迈腾B8近光灯电路连接（图4-6）可以看出，两个多晶LED发光单元串联接通，由近光灯和远光灯LED电源模块供电。此LED电源模块接收开闭命令（接线端56a），并直接从车载电网控制单元J519为照明系统供电。

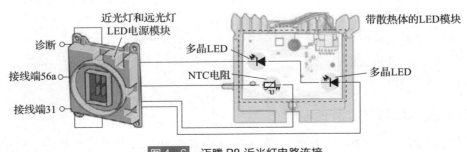

图4-6 迈腾B8近光灯电路连接

3）车载电网控制单元 J519

迈腾 B8 车载电网控制单元 J519（图 4-7）为了确保蓄电池有足够的电能使发动机顺利起动和正常运转，对用电负载（电能）进行管理。车载电网控制单元 J519 根据以下的相关数据进行评估：

（1）电瓶电压；

（2）发动机转速；

（3）发电机的 DFM 信号。

图 4-7　迈腾 B8 车载电网控制单元 J519

在保证安全行驶的前提下，适当地关闭舒适功能的用电设备，并对这些功能控制进行监测。

迈腾 B8 整车电能通过 J519 进行动态能量管理（负荷管理），避免由于大的电量消耗使电量供应出现停止，同时在出现过大的周期性负载之前保护蓄电池，因此 J519 具备以下功能：

（1）外部灯光控制；

（2）舒适灯光控制；

（3）刮水器控制；

（4）清洗泵控制；

（5）指示灯控制；

（6）负荷管理；

（7）内部灯光控制；

（8）后风窗加热控制；

（9）端子控制。

2. 迈腾 B8 近光灯工作过程

迈腾 B8 近光灯控制电路如图 4-8 所示。当灯光开关旋至近光灯挡时，灯光开关模块接收到近光灯开启信号，并将接收到的模拟电压信号转换为数字信号，通过灯光开关 LIN 数据线将此信号发送至车载电网控制单元 J519，J519 接收到此信号后，分别接通左前、右前近光灯控制信号，所有近光灯点亮。

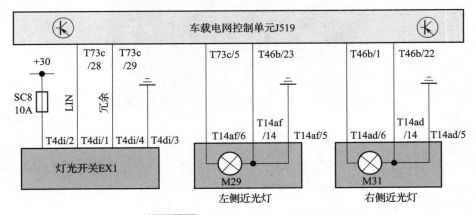

图4-8 迈腾 B8 近光灯控制电路

二、相关技能

（1）万用表、示波器、故障诊断仪等常见设备的使用。
（2）维修资料的查阅、电路原理图的识读和分析。
（3）常见故障的诊断与排除。
（4）6S 管理和操作。

诊断流程分析

一、左侧近光灯不亮故障的诊断与排除

系统为了更好地监测和控制左、右侧近光灯的开启和关闭，左、右侧近光灯电源均由车载电网控制单元 J519 提供并控制。

左侧近光灯 M29 的工作是由 J519 通过其 T73c/5 端子与左侧近光灯 T14af/6 之间的线路提供正极电源，再通过端子 T14af/5 搭铁构成回路，点亮左侧近光灯 M29。

右侧近光灯 M31 的工作是由 J519 通过其 T46b/1 端子与右侧近光灯 T14ad/6 之间的线路提供正极电源，再通过端子 T14ad/5 搭铁构成回路，点亮右侧近光灯 M31。

1. 故障现象

打开点火开关，将灯光开关旋至近光灯挡，左侧近光灯不亮，右侧近光灯正常，仪表显示"请检查左侧前照灯"（图4-9），其余灯光均正常。

2. 故障分析

根据故障现象可知，在打开近光灯时，右侧近光灯正常，说明 J519 能接收到灯光开

图4-9 仪表故障提示

关的近光灯挡位信号；由于左侧近光灯 M29 和远光灯 M30 共用搭铁（图4-10），而远光灯 M30 工作正常，说明左侧近光灯 M29 的搭铁无异常。

综上所述，故障可能的原因有：

（1）J519 与左侧近光灯 M29 之间线路故障；

（2）左侧近光灯 M29 自身故障；

（3）J519 局部故障。

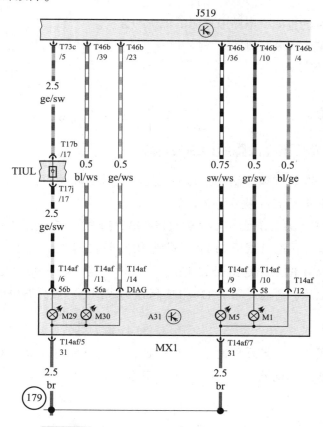

图4-10 左侧近光灯 M29 和远光灯 M30 电路

3. 诊断思路

1）读取故障码

连接故障诊断仪，进入电子中央电气系统读取故障码，无故障码显示。

2）测量左侧近光灯 M29 供电

打开点火开关，将灯光开关 EX1 旋转至近光灯挡，测量左侧近光灯 M29 的供电 T14af/6 端子对地电压（图 4-11），测量值为 0 V，标准值为 +B，说明左侧近光灯 M29 供电异常，下一步需测量 J519 侧的电源输出。

图 4-11　测量左侧近光灯 M29 的供电

3）测量 J519 侧的电源输出

打开点火开关，将灯光开关 EX1 旋转至近光灯挡，测量 J519 的 T73c/5 端子对地电压（图 4-12），测量值为 12.46 V，正常。

图 4-12　测量 J519 侧的电源输出

J519 的 T73c/5 端子与 M29 的 T14af/6 端子为同一线路，两端存在 +B 电压降，判断此线路断路。修复后，故障现象消失。

4. 故障机理

由于 J519 的 T73c/5 端子至左侧近光灯 M29 的 T14af/6 端子之间线路断路，导致左侧近光灯无法接收到 J519 端的电源供给，进而打开点火开关，将灯光开关 EX1 旋转至近光灯挡时，左侧近光灯无法正常工作，故不亮。

左侧近光灯不亮故障诊断学生考核报告表见表 4-1。

表4-1　左侧近光灯不亮故障诊断学生考核报告表

		配分	扣分	判罚依据
故障现象描述				
可能的故障原因				
故障点和故障类型确认 (同时需要在维修手册上指出故障位置)	※注明测试条件、插件代码和编号、控制单元针脚代号以及测量结果； ※在电路图上指出最小故障线路范围或故障部件			

二、近光灯异常点亮故障的诊断与排除

在迈腾轿车上，灯光系统的应急保护有两种情况：一种是 EX1 内部的 TFL、56、58 在任何情况下，必须只有一个端子电压为高电位，否则系统就会进入应急保护模式；另一种是当后雾灯开关打开时，前雾灯开关也必须有正常打开时的信号输出，否则系统也会进入应急保护模式。

1. 故障现象

具体故障现象如下：

(1) 打开点火开关，仪表显示"故障：车辆照明"（图 4 - 13）；

图 4 - 13　仪表故障提示

(2) 将灯光开关旋至关闭挡时，近光灯、示宽灯异常点亮；

(3) 将灯光开关旋至示宽灯挡时，示宽灯正常，近光灯异常点亮；

(4) 打开点火开关，在示宽灯和近光灯挡操作雾灯开关，无法打开前后雾灯，其余灯光均正常。

2. 故障分析

打开点火开关，灯光开关在关闭挡时，示宽灯、近光灯异常点亮；将灯光开关旋至示宽灯挡时，近光灯异常点亮，且在示宽灯和近光灯挡操作雾灯开关，无法打开前后雾灯，说明 J519 未接收到正确的灯光开关信号，灯光系统进入应急保护模式，故障可能发生在灯光开关 EX1 及其相关线路，如图 4 - 14 所示。

综上所述，故障可能的原因有：

(1) J519 与灯光开关 EX1 之间线路故障；

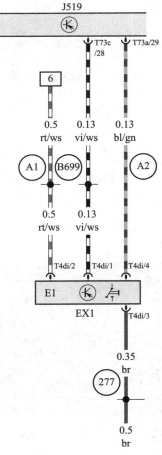

图 4 - 14　灯光开关 EX1 电路

(2) 灯光开关 EX1 供电、搭铁及自身故障；

(3) J519 局部故障。

3. 诊断思路

1) 读取故障码

连接故障诊断仪，进入电子中央电气系统读取故障码，无故障码显示。

2) 测量灯光开关 EX1 供电及搭铁

测量灯光开关 EX1 的 T4di/2 端子对地电压为 12.55 V（图 4-15），正常；测量灯光开关 EX1 的 T4di/3 端子对地电压为 0 V（图 4-16），正常。实测结果表明灯光开关的供电、搭铁均正常，下一步需检测灯光开关 EX1 的 LIN 线信号。

图 4-15　T4di/2 端子对地电压

图 4-16　T4di/3 端子对地电压

3) 测量灯光开关 EX1 侧的 LIN 线信号

打开点火开关，利用示波器测量灯光开关 EX1 的 T4di/1 端子对地波形，灯光开关 EX1 侧标准 LIN 线波形为 0 ~ +B 的方波（图 4-17），实测波形为 +B 的直线（图 4-18），波形异常。

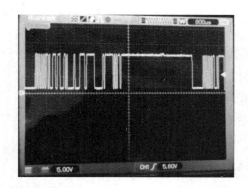

图 4-17　灯光开关 EX1 侧标准 LIN 线波形

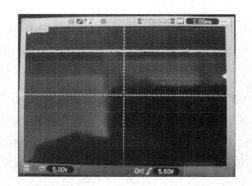

图 4-18　灯光开关 EX1 侧实测 LIN 线波形

4）测量 J519 侧 LIN 线信号

打开点火开关，利用示波器测量 J519 的 T73c/28 端子对地波形，实测波形为 0 ~ +B 的方波（图 4 - 19）。

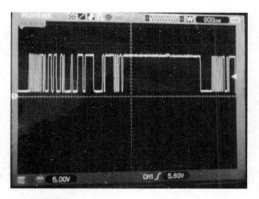

图 4 - 19　J519 的 T73c/28 端子对地波形

由于 J519 的 T73c/28 端子至灯光开关 EX1 的 T4di/1 端子 LIN 线波形不一致，且一端为 +B 直线，判断 J519 的 T73c/28 端子至灯光开关 EX1 的 T4di/1 端子之间的 LIN 线断路。修复后，故障现象消失。

4. 故障机理

由于 J519 的 T73c/28 端子至灯光开关 EX1 的 T4di/1 端子之间的 LIN 线断路，导致 J519 无法接收来自灯光开关 EX1 的正确挡位信号，灯光系统进入应急保护模式。

近光灯异常点亮故障诊断学生考核报告表见表 4 - 2。

表4-2 近光灯异常点亮故障诊断学生考核报告表

		配分	扣分	判罚依据
故障现象描述				
可能的故障原因				
故障点和故障类型确认 (同时需要在维修手册上指出故障位置)	※注明测试条件、插件代码和编号、控制单元针脚代号以及测量结果; ※在电路图上指出最小故障线路范围或故障部件			

任务 2　远光灯工作异常故障诊断

📝 任务描述

一辆迈腾 B8 轿车，打开点火开关，将灯光开关旋至远光灯挡，左侧远光灯不亮，右侧远光灯正常，仪表显示"请检查左侧前照灯"。请对该车辆进行维修，并填写诊断报告。

📝 任务分析

要完成该故障的诊断与排除，需要具备如下的知识和技能。

一、相关知识

1. 迈腾 B8 远光灯结构组成

迈腾 B8 远光灯控制系统通过车载电网控制单元 J519 集中控制，系统包含灯光开关、车灯变光开关、左前大灯总成、右前大灯总成、转向柱电子装置控制单元 J527、数据总线诊断接口 J533、组合仪表控制单元 J285、车载电网控制单元 J519 等元器件，如图 4 - 20 所示。

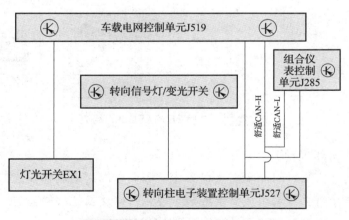

图 4 - 20　迈腾 B8 远光灯结构组成

1) 迈腾 B8 车灯变光开关

迈腾 B8 车灯变光开关安装在转向柱上部左侧方向盘下部，如图 4 - 21 所示。迈腾 B8 将车灯变光开关、转向灯开关和驾驶辅助系统操作按钮集为一体，开关之间使用内部连接线束和转向柱电子装置控制单元 J527 相连。

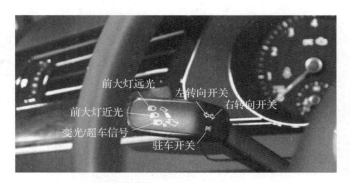

图4-21　迈腾B8车灯变光开关

2）迈腾B8前大灯总成（远光灯）

迈腾B8为了节省电能以及增加远光灯与超车灯的亮度，左、右远光灯与超车灯照明均采用LED（发光二极管）模块照明的方式，如图4-22所示。

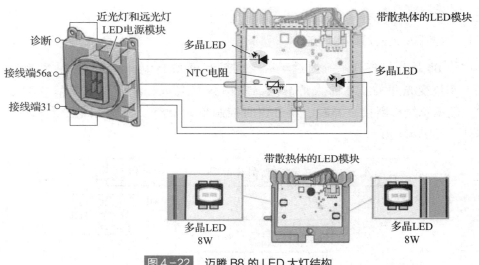

图4-22　迈腾B8的LED大灯结构

发光二极管简称为LED，由含镓（Ga）、砷（As）、磷（P）、氮（N）等的化合物制成。当电子与空穴复合时能辐射出可见光，因而可以用来制作发光二极管，在电路及仪器中作为指示灯，或者组成文字或数字显示。砷化镓二极管发红光，磷化镓二极管发绿光，碳化硅二极管发黄光，氮化镓二极管发蓝光。

发光二极管可分为普通单色发光二极管、高亮度发光二极管、超高亮度发光二极管、变色发光二极管、闪烁发光二极管、电压控制型发光二极管、红外发光二极管和负阻发光二极管等。

在远光灯LED单元上安装有一个起温度传感器作用的NTC电阻，用以监控LED温度，并相应减少电流供应。

3）转向柱电子装置控制单元 J527

转向柱电子装置控制单元 J527 将左转向、右转向、变光、超车、喇叭按钮、刮水器速度（高速、低速、间歇）、刮水器洗涤等开关的模拟信号转换为数字信号，通过舒适 CAN 总线传递给车载电网控制单元 J519 和组合仪表控制单元 J285；将巡航开启、巡航加速、巡航减速、升挡、降挡等信号转换为数字信号，并通过舒适 CAN 总线传递给数据总线诊断接口 J533，再通过驱动 CAN 总线传递给发动机控制单元 J623 及变速器机电装置 J743；将音量增大、音量减小、免提电话等信号转换为数字信号，并通过舒适 CAN 总线传递给数据总线诊断接口 J533，再将这些信息通过娱乐 CAN 总线传递给信息显示和操作控制单元 J685。

2. 迈腾 B8 远光灯工作过程

迈腾 B8 远光灯控制电路如图 4-23 所示。当灯光开关旋至远光灯挡时，灯光开关模块接收到远光灯开启信号，并将接收到的模拟电压信号转换为数字信号，且通过开关 LIN 数据线将此信号发送至车载电网控制单元 J519，J519 接收到此信号后，分别接通左前、右前远光灯控制信号，所有远光灯点亮。

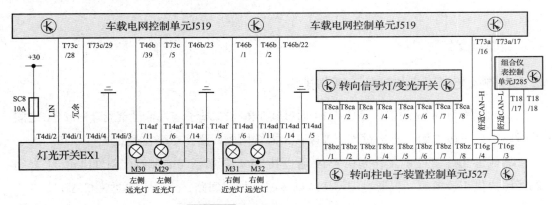

图 4-23 迈腾 B8 远光灯控制电路

（1）当灯光开关旋至远光灯挡时，变光开关向下按动，开关内部接通远光灯控制触点，随即转向柱电子装置控制单元 J527 接收到远光灯开启的模拟信号，并将接收到的模拟信号转换为数字信号，通过舒适 CAN 总线将数据发给车载电网控制单元 J519 和组合仪表控制单元 J285。

① 车载电网控制单元 J519 接收到此信号后，分别接通左前、右前远光灯控制信号，所有远光灯点亮。

② 组合仪表控制单元 J285 接收到此信号后，点亮仪表上的远光指示灯，提示驾驶员灯光状态。

（2）任何时候变光开关向下按动时，开关内部接通超车灯控制触点，随即转向柱电子装置控制单元 J527 接收到超车灯开启的模拟信号，并将接收到的模拟信号转换为数字信号，通过舒适 CAN 总线将数据发给车载电网控制单元 J519 和组合仪表控制单元 J285。

①车载电网控制单元 J519 接收到此信号后，分别接通左前、右前远光灯控制信号，所有远光灯点亮。

②组合仪表控制单元 J285 接收到此信号后，点亮仪表上的远光指示灯，提示驾驶员灯光状态。

松开变光开关，左前、右前远光灯和仪表上的远光指示灯熄灭。

二、相关技能

（1）万用表、示波器、故障诊断仪等常见设备的使用。
（2）维修资料的查阅、电路原理图的识读和分析。
（3）常见故障的诊断与排除。
（4）6S 管理和操作。

诊断流程分析

右侧远光灯不亮故障的诊断与排除

左侧远光灯 M30 的工作是由 J519 通过其 T46b/39 端子与左侧远光灯 T14af/11 之间的线路提供正极电源，再通过端子 T14af/5 搭铁构成回路，点亮左侧远光灯 M30。

右侧远光灯 M32 的工作是由 J519 通过其 T46b/2 端子与右侧远光灯 T14ad/11 之间的线路提供正极电源，再通过端子 T14ad/5 搭铁构成回路，点亮右侧远光灯 M32。

1. 故障现象

打开点火开关，将灯光开关旋至远光灯挡，当变光开关在远光灯挡和超车挡时，右侧远光灯均不亮，左侧远光灯正常，其余灯均正常。

2. 故障分析

根据故障现象可知在打开远光灯时，左侧远光灯正常，说明 J519 能接收到灯光开关和变光开关的挡位信号；由于右侧近光灯 M31 和远光灯 M32 共用搭铁（图 4-24），而右侧近光灯 M31 工作正常，说明右侧远光灯 M32 的搭铁无异常。

综上所述，故障可能的原因有：

（1）J519 与右侧远光灯 M32 之间线路故障；

（2）远光灯 M32 自身故障；

（3）J519 局部故障。

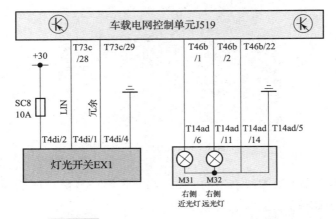

图 4-24　右侧近光灯 M31 和远光灯 M32 电路

3. 诊断思路

1）读取故障码

连接故障诊断仪，进入电子中央电气系统读取故障码，无故障码显示。

2）测量右侧远光灯 M32 供电

打开点火开关，将灯光开关旋至远光灯挡，操作变光开关至超车挡或远光灯挡，测量右侧远光灯 M32 的 T14ad/11 端子对地电压，测量值为 0 V（图 4-25），标准为 +B，说明右侧远光灯 M32 供电异常，下一步需测量 J519 侧的电源输出。

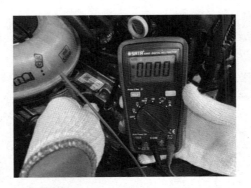

图 4-25　右侧远光灯 M32 的供电测量

3）测量 J519 侧的电源输出

打开点火开关，将灯光开关旋至远光灯挡，操作变光开关至超车挡或远光灯挡，测量 J519 侧 T46b/2 端子对地电压，测量值为 12.4 V（图 4-26），正常。

图4-26　J519 侧 T46b/2 端子对地电压测量

J519 的 T46b/2 端子与 M32 的 T14ad/11 端子为同一线路，两端存在 +B 电压降，判断此线路断路。修复后，故障现象消失。

4. 故障机理

由于 J519 的 T46b/2 端子至右侧远光灯 M32 的 T14ad/11 端子间线路断路，导致右侧远光灯无法接收到 J519 端的电源供给，从而导致灯光开关旋至远光灯挡时，右侧远光灯无法正常工作。

右侧远光灯不亮故障诊断学生考核报告表见表 4-3。

表4-3　右侧远光灯不亮故障诊断学生考核报告表

		配分	扣分	判罚依据
故障现象描述				
可能的故障原因				
故障点和故障类型确认 （同时需要在维修手册上指出故障位置）	※注明测试条件、插件代码和编号、控制单元针脚代号以及测量结果； ※在电路图上指出最小故障线路范围或故障部件			

任务3　示宽灯工作异常故障诊断

任务描述

一辆迈腾 B8 轿车，打开点火开关，将灯光开关旋至示宽灯挡，左前示宽灯不亮，其余示宽灯正常。请对该车辆进行维修，并填写诊断报告。

任务分析

要完成该故障的诊断与排除，需要具备如下的知识和技能。

一、相关知识

1. 示宽灯结构组成及控制运行原理

迈腾 B8 示宽灯控制系统通过车载电网控制单元 J519 集中控制，系统包含灯光开关 EX1、左前大灯总成、右前大灯总成、左尾灯总成、右尾灯总成、组合仪表控制单元 J285、车载电网控制单元 J519 等，如图 4-27 所示。

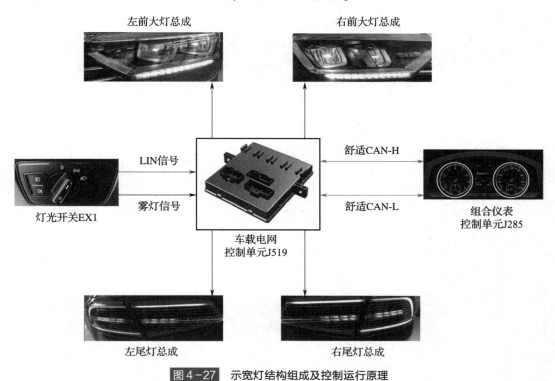

图 4-27　示宽灯结构组成及控制运行原理

1) 迈腾 B8 示宽灯

迈腾 B8 为了节省电能以及增加示宽灯的亮度，左、右示宽灯照明均采用 LED（发光二极管）模块照明的方式，如图 4-4 所示。

LED 大灯中的双色（Bi-Color）LED 用于日间行车灯、驻车灯和转向灯，如图 4-28 所示。

在"日间行车灯"功能下，通过 100% PWM 信号控制 13.5 V 的 LED 白色部分。当同时起动转向灯时，将关闭日间行车灯。

在"驻车灯"功能下，PWM 信号将减少 10%，因此 LED 变暗。当同时起动转向灯时，则交替起动驻车灯和转向灯。

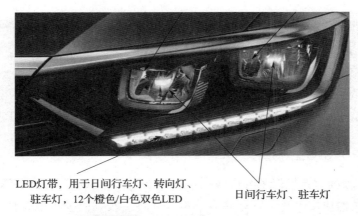

图 4-28 迈腾 B8 标准版 LED 大灯

2) 迈腾 B8 尾灯总成

迈腾 B8 尾灯结构如图 4-29 所示，尾灯中一些 LED 和 LED 段位重复用于照明功能。

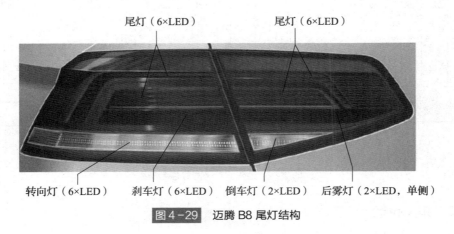

图 4-29 迈腾 B8 尾灯结构

尾灯的照明使用下述照明段位（图4-30）：

（1）固定部分和后备箱盖部分内的光导体（3×LED，每部分一个）；

（2）固定部分内的横向 LED 灯组（8×LED）；

（3）后备箱盖部分内的横向 LED 灯组（8×LED）。

如果尾灯转换到转向灯模式，则尾灯的下述段位继续亮起（图4-31）：

（1）固定部分内的光导体和后备箱盖部分（2×LED，每部分一个）；

（2）后备箱盖部分内的 LED 灯组（8×LED）针对转向灯，现在尾灯固定部分内的12个转向灯 LED 亮起。

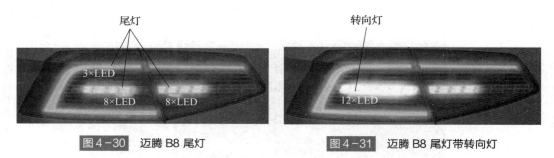

图4-30　迈腾 B8 尾灯　　　　图4-31　迈腾 B8 尾灯带转向灯

2. 迈腾 B8 示宽灯工作过程

从迈腾 B8 外部示宽灯控制电路（图4-32）可以看出，灯光开关 EX1 旋至示宽灯挡时，灯光开关模块接收到示宽灯开启信号，并将接收到的模拟电压信号转换为数字信号，通过 LIN 数据线将此信号发送至车载电网控制单元 J519，J519 接收到此信号后，分别接通左前、右前、左后、右后示宽灯控制信号，所有示宽灯点亮。

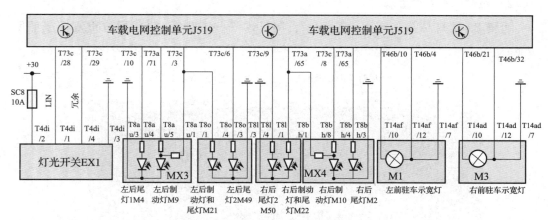

图4-32　迈腾 B8 示宽灯控制电路

二、相关技能

（1）万用表、示波器、故障诊断仪等常见设备的使用。

项目四 汽车灯光系统故障诊断

（2）维修资料的查阅、电路原理图的识读和分析。

（3）常见故障的诊断与排除。

（4）6S 管理和操作。

诊断流程分析

左侧尾灯 MX5 模块搭铁断路故障的诊断与排除

1. 故障现象

具体故障现象如下：

（1）打开点火开关，将灯光开关旋至小灯挡时，左侧尾灯 2M49 和左侧制动灯和尾灯 M21 不亮；

（2）打开点火开关，将灯光开关旋至后雾灯挡时，后雾灯 L46 不亮；

（3）倒车挡时，左侧制动灯 M16 不亮；

（4）踩下制动踏板时，左侧制动灯 M21、M86 不亮，高位制动灯正常。

2. 故障分析

根据故障现象可知，由于左侧尾灯 MX5 所有灯光均异常，可能为其公共电路存在故障。左侧尾灯 MX5 模块电路如图 4-33 所示。

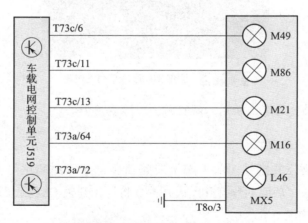

图 4-33 左侧尾灯 MX5 模块电路

3. 诊断思路

1）测量灯泡供电搭铁

打开点火开关，将灯光开关旋至示宽灯挡，测量左侧尾灯 MX5 模块公共搭铁，测得 MX5 模块公共搭铁 T8o/3 端子对地电压为 13.36 V（图 4-34），异常，下一步需进行线束检测。

图4-34　测量左侧尾灯MX5模块公共搭铁

2）线束检测

断开蓄电池负极，拔下MX5模块插接头，测得T8o/3端子对地电阻为无穷大（图4-35），标准应为0 Ω，异常。

图4-35　测量T8o/3端子对地电阻

判断MX5模块公共搭铁断路，修复后，故障现象消失。

4. 故障机理

由于MX5模块公共搭铁T8o/3端子线路断路，导致左侧尾灯M49、M86、M21、M16、L46均无搭铁，从而导致打开点火开关，将灯光开关EX1旋至示宽灯挡时，左侧尾灯均无法正常工作。

左侧尾灯MX5模块搭铁断路故障诊断学生考核报告表见表4-4。

表4-4　左侧尾灯MX5模块搭铁断路故障诊断学生考核报告表

		配分	扣分	判罚依据
故障现象描述				
可能的故障原因				
故障点和故障类型确认 (同时需要在维修手册上指出故障位置)	※注明测试条件、插件代码和编号、控制单元针脚代号以及测量结果； ※在电路图上指出最小故障线路范围或故障部件			

任务4 制动灯工作异常故障诊断

📝 任务描述

一辆迈腾 B8 轿车,打开点火开关,踩下制动踏板时,高位制动灯不亮,其余制动灯正常。请对该车辆进行维修,并填写诊断报告。

📝 任务分析

要完成该故障的诊断与排除,需要具备如下的知识和技能。

一、相关知识

1. 制动灯结构组成及控制运行原理

迈腾 B8 制动灯控制系统通过车载电网控制单元 J519 集中控制,系统包含制动灯开关、发动机控制单元 J623、数据总线诊断接口 J533、组合仪表控制单元 J285、车载电网控制单元 J519、左尾灯总成、右尾灯总成、高位制动灯等,如图 4-36 所示。

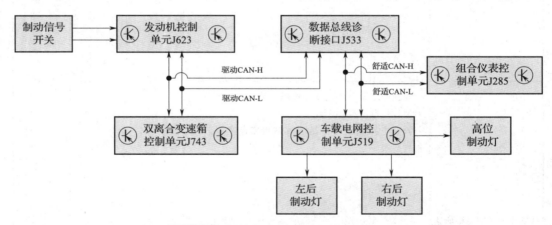

图 4-36 制动灯结构组成及控制运行原理

迈腾 B8 制动开关采用霍尔式传感器,安装在制动主缸上,开关内部电路板上设计有两个霍尔芯片,制动主缸采用铸铝材料,在主缸活塞上设计一个永久磁性环,作为信号触发器。

踩下制动踏板时,活塞沿图 4-37 所示箭头方向移动,永久磁性环(信号触发器)切割开关内部电路板上霍尔芯片的磁感应线,从而产生感应信号,车载电网控制单元 J519 利用该信号控制制动灯的点亮或熄灭。

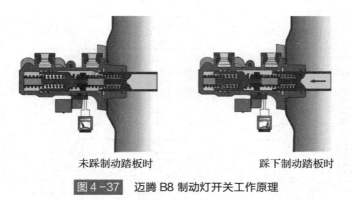

图4-37 迈腾B8制动灯开关工作原理

2. 迈腾B8制动灯工作过程

当踩下制动踏板时，发动机控制单元J623检测到制动灯开关的两个霍尔芯片发出的两个制动踏板状态信号（图4-38），发动机控制单元J623通过驱动数据总线将这一数据信息发送至双离合器变速箱控制单元J743、数据总线诊断接口J533。

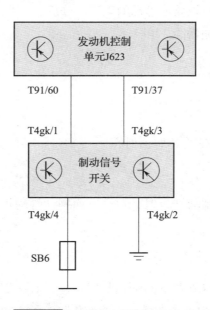

图4-38 迈腾B8制动灯开关电路

数据总线诊断接口J533将数据处理后，通过舒适数据总线将这一数据信息发送至车载电网控制单元J519、组合仪表控制单元J285，J285接收到此信息后控制仪表上制动踏板状态指示灯熄灭；J519接收到此消息后分别接通左后制动灯、右后制动灯以及高位制动灯总成中的LED电源，LED（制动灯）点亮。迈腾B8制动灯控制电路如图4-39所示。

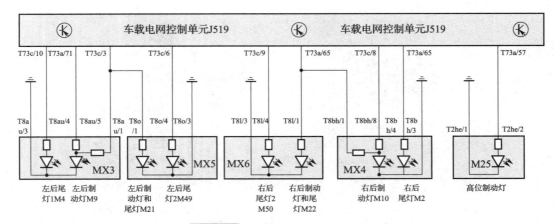

图4-39 迈腾B8制动灯控制电路

二、相关技能

（1）万用表、示波器、故障诊断仪等常见设备的使用。

（2）维修资料的查阅、电路原理图的识读和分析。

（3）常见故障的诊断与排除。

（4）6S管理和操作。

诊断流程分析

高位制动灯不亮故障的诊断与排除

1. 故障现象

打开点火开关，踩下制动踏板时，左、右侧制动灯均可正常点亮，高位制动灯不亮，其余灯均正常。

2. 故障分析

根据故障现象可知，由于踩下制动踏板时，左、右侧制动灯均可正常点亮，说明发动机控制单元J623接收到了制动信号开关的信号，并通过驱动总线和数据总线诊断接口J533传送到车载电网控制单元J519，且车载电网控制单元J519发出了对制动灯的控制信号。

综上所述，故障可能的原因有：

（1）高位制动灯M25至J519线路故障；

（2）高位制动灯M25搭铁线路故障；

（3）高位制动灯M25自身故障。

3. 诊断思路

1) 读取故障码

连接故障诊断仪，进入车载电网控制单元 J519 读取故障码，如图 4-40 所示。

故障码	描述	码库类型	维修建议
B12C615	高位安装制动灯灯泡 - 断路/对正极短路——主动/静态		无

图 4-40　制动灯故障码

2) 测量 M25 的供电

打开点火开关，利用万用表测量 M25 的供电端子 T2he/2 对地电压，测量值为 13.24 V（图 4-41），正常，说明 M25 接收到了 J519 的控制信号，下一步需测量 M25 的搭铁。

图 4-41　测量 M25 的供电端子 T2he/2 对地电压

3) 测量 M25 的搭铁

打开点火开关，利用万用表测量 M25 的搭铁端子 T2he/1 对地电压，测量值为 12.7 V，标准值为 0 V，测试结果异常。

判断高位制动灯 M25 搭铁线路断路，修复线路后，故障现象消失。

4. 故障机理

由于高位制动灯 M25 的搭铁线路断路，导致 M25 搭铁异常，踩下制动踏板时，左、右侧的制动灯均可正常点亮，高位制动灯不亮。

高位制动灯不亮故障诊断学生考核报告表见表 4-5。

表 4-5 高位制动灯不亮故障诊断学生考核报告表

		配分	扣分	判罚依据
故障现象描述				
可能的故障原因				
故障点和故障类型确认 (同时需要在维修手册上指出故障位置)	※注明测试条件、插件代码和编号、控制单元针脚代号以及测量结果; ※在电路图上指出最小故障线路范围或故障部件			

任务5　转向灯工作异常故障诊断

📖 任务描述

一辆迈腾 B8 轿车，打开点火开关，操作危险警告灯开关时，所有转向灯均可正常点亮；操作左、右转向灯开关时，左、右转向灯均不能正常工作。请对该车辆进行维修，并填写诊断报告。

📖 任务分析

要完成该故障的诊断与排除，需要具备如下的知识和技能。

一、相关知识

1. 转向灯结构组成及控制运行原理

迈腾 B8 转向灯、警告灯控制系统通过车载电网控制单元 J519 集中控制，系统包含转向/变光开关、警告灯开关、左前大灯总成、右前大灯总成、左尾灯总成、右尾灯总成、左侧后视镜总成、右侧后视镜总成、数据总线诊断接口 J533、组合仪表控制单元 J285、车载电网控制单元 J519、转向柱电子装置控制单元 J527、驾驶员侧车门控制单元 J386、副驾驶员侧车门控制单元 J387 等，如图 4-42 所示。

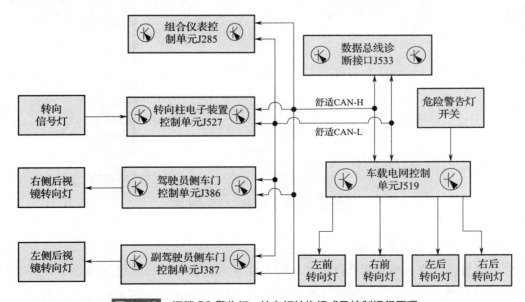

图 4-42　迈腾 B8 警告灯、转向灯结构组成及控制运行原理

1) 迈腾 B8 转向灯开关

打开点火开关，向前拨动转向灯开关，接通开关内部右转向灯触点，随即转向柱电子装置控制单元 J527 接收到右转向灯开启的模拟信号，并将接收到的模拟信号转换为数字信号，通过舒适 CAN 总线将数字信号发送给车载电网控制单元 J519 和组合仪表控制单元 J285。

打开点火开关，向后拨动转向灯开关，接通开关内部左转向灯触点，随即转向柱电子装置控制单元 J527 接收到左转向灯开启的模拟信号，并将接收到的模拟信号转换为数字信号，通过舒适 CAN 总线将数字信号发送给车载电网控制单元 J519 和组合仪表控制单元 J285。转向灯开关电路如图 4-43 所示。

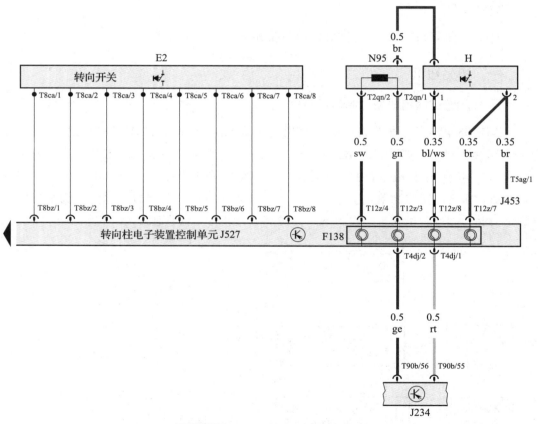

图 4-43　迈腾 B8 转向灯开关电路

2) 迈腾 B8 危险警告灯开关

危险警告灯是一种提醒其他车辆与行人注意本车发生了特殊情况的信号灯。当在驾车过程中遇到浓雾时，若能见度低于 100 m，由于视线不好，不但应该开启前、后雾灯，还应该开启危险警告灯，以提醒过往车辆及行人注意，特别是后方行驶的车辆，保持应有的安全距离和必要的安全车速，避免紧急刹车引起追尾。

任何时候按下危险警告灯开关，开关内部触点接通，随即车载电网控制单元 J519 就可接收到危险警告灯开关开启的模拟信号，J519 控制危险警告灯开关上的危险警告指示灯闪烁；同时，J519 将接收到的模拟信号转换为数字信号，通过舒适 CAN 总线将数字信号传递给组合仪表控制单元 J285。危险警告灯开关电路如图 4-44 所示。

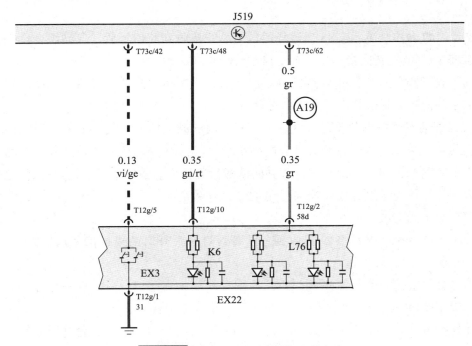

图 4-44　迈腾 B8 危险警告灯开关电路

J519—车载电网控制单元；EX3—闪烁报警灯开关；EX22—中部仪表板开关模块；
K6—闪烁报警装置指示灯；L76—按钮照明灯

2. 迈腾 B8 转向灯、危险警告灯工作过程

（1）打开点火开关，向前拨动转向灯开关，接通开关内部右转向灯触点，随即转向柱电子装置控制单元 J527 接收到右转向灯开启的模拟信号，并将接收到的模拟信号转换为数字信号，通过舒适 CAN 总线将数字信号发送给车载电网控制单元 J519、组合仪表控制单元 J285、副驾驶员侧车门控制单元 J387。

①车载电网控制单元 J519 接收到右转向灯开启的模拟信号后，接通右前转向灯和右后转向灯。

②组合仪表控制单元 J285 通过舒适数据总线接收到此信号后，点亮组合仪表控制单元 J285 内部的右转向指示灯，提示驾驶员转向灯状态。

③副驾驶员侧车门控制单元 J387 通过舒适数据总线接收到此信号后，点亮右侧后视镜上的右转向灯，提醒行人以及外部车辆。

（2）打开点火开关，向后拨动转向灯开关，接通开关内部左转向灯触点，随即转向柱电子装置控制单元 J527 接收到左转向灯开启的模拟信号，并将接收到的模拟信号转换为数字信号，通过舒适 CAN 总线将数字信号发送给车载电网控制单元 J519、组合仪表控制单元 J285、驾驶员侧车门控制单元 J386。

①车载电网控制单元 J519 接收到左转向灯开启的模拟信号后，接通左前转向灯和左后转向灯。

②组合仪表控制单元 J285 通过舒适数据总线接收到此信号后，点亮组合仪表控制单元 J285 内部的左转向指示灯，提示驾驶员转向灯状态。

③驾驶员侧车门控制单元 J386 通过舒适数据总线接收到此信号后，点亮左侧后视镜上的左转向灯，提醒行人以及外部车辆。

（3）任何时候按下危险警告灯开关，开关内部触点接通，随即车载电网控制单元 J519 就可接收到危险警告灯开关开启的模拟信号，J519 控制危险警告灯开关上的危险警告指示灯闪烁；同时，J519 将接收到的模拟信号转换为数字信号，通过舒适 CAN 总线将数字信号传递给组合仪表控制单元 J285、驾驶员侧车门控制单元 J386、副驾驶员侧车门控制单元 J387。

①车载电网控制单元 J519 接收到危险警告灯开关开启的模拟信号后，接通左前、左后、右前、右后转向灯。

②组合仪表控制单元 J285 通过舒适数据总线接收到此信号后，点亮组合仪表控制单元 J285 内部的左、右转向指示灯，提示驾驶员危险警告灯状态。

③驾驶员侧车门控制单元 J386、副驾驶员侧车门控制单元 J387 通过舒适数据总线接收到此信号后，点亮左、右两侧后视镜上的转向灯，提醒行人以及外部车辆。

二、相关技能

（1）万用表、示波器、故障诊断仪等常见设备的使用。
（2）维修资料的查阅、电路原理图的识读和分析。
（3）常见故障的诊断与排除。
（4）6S 管理和操作。

诊断流程分析

转向灯不亮故障的诊断与排除

1. 故障现象

打开点火开关，操作危险警告灯开关时，所有转向灯均可正常点亮；操作左、右转向灯开关时，左、右转向灯均不能正常工作；灯光开关在近光灯挡时，操作变光开关至远光灯挡,远光灯不亮,其余灯均正常。

2. 故障分析

根据故障现象可知,由于操作危险警告灯开关时,所有转向灯均可正常点亮,说明所有转向灯及 J519 控制转向灯正常;操作左、右转向灯开关时,转向灯均不亮,且远光灯不亮,可能为转向柱电子装置控制单元 J527 接收开关信号异常。

综上所述,故障可能的原因有:

(1) 转向灯开关 E2 至 J537 线路故障;
(2) 转向柱电子装置控制单元 J527 电源故障;
(3) 转向柱电子装置控制单元 J527 通信故障;
(4) 转向灯开关 E2 自身故障;
(3) 转向柱电子装置控制单元 J527 自身故障。

3. 诊断思路

1) 读取故障码

连接故障诊断仪,进入转向柱电子装置控制单元 J527 读取故障码,转向柱电子装置控制单元 J527 无法进入,可能为 J527 电源或通信存在故障。转向柱电子装置控制单元 J527 供电电路如图 4-45 所示。

2) 测量 J527 的供电及搭铁

打开点火开关,利用万用表测量 J527 的供电端子 T16g/1 对地电压为 0 V,异常;测量搭铁端子 T16g/2 对地电压为 0 V,正常。测量说明 J527 供电异常,下一步需测量 J527 保险丝 SC9。

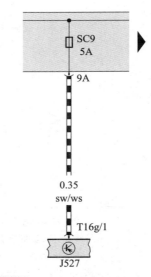

图 4-45　转向柱电子装置控制单元 J527 供电电路

3) 测量 J527 保险丝 SC9

打开点火开关,利用万用表测量 SC9 的输入端对地电压为 12.6 V,测量输出端子对地电压为 0 V,保险丝 SC9 两端存在 +B 压降,判断保险丝断路。更换保险丝 SC9,故障现象消失。

4. 故障机理

保险丝 SC9 断路,导致转向柱电子装置控制单元 J527 供电异常,不能正常将转向灯开关信号传送给 J519、J386、J387,从而导致在操作转向灯开关和远光灯开关时,所有转向灯均不亮,且远光灯不亮。

转向灯不亮故障诊断学生考核报告表见表 4-6。

表4-6 转向灯不亮故障诊断学生考核报告表

		配分	扣分	判罚依据
故障现象描述				
可能的故障原因				
故障点和故障类型确认 (同时需要在维修手册上指出故障位置)	※注明测试条件、插件代码和编号、控制单元针脚代号以及测量结果； ※在电路图上指出最小故障线路范围或故障部件			

任务6 雾灯工作异常故障诊断

任务描述

一辆迈腾 B8 轿车，打开点火开关，将灯光开关旋至雾灯挡，左前雾灯不亮，其余灯正常。请对该车辆进行维修，并填写诊断报告。

任务分析

要完成该故障的诊断与排除，需要具备如下的知识和技能。

一、相关知识

迈腾 B8 雾灯系统通过车载电网控制单元 J519 进行控制，系统包括灯光开关、前雾灯开关、后雾灯开关、左前雾灯总成、右前雾灯总成、左后雾灯总成、数据总线诊断接口 J533、组合仪表控制单元 J285、车载电网控制单元 J519 等，如图 4-46 所示。

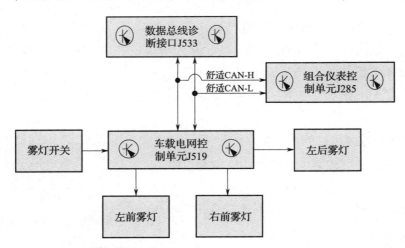

图 4-46 迈腾 B8 雾灯结构组成及控制运行原理

按下前雾灯开关，前雾灯开关信号接通，灯光开关模块接收到前雾灯开启信号，并将接收到的模拟电压信号转换为数字信号，通过开关模块 LIN 数据线将此信号发送至车载电网控制单元 J519，J519 接收到此信号后，接通车外前雾灯电路，前雾灯点亮。

此时再按下后雾灯开关，后雾灯开关信号接通，灯光开关模块接收到后雾灯开启信号，并将接收到的模拟电压信号转换为数字信号，通过开关模块 LIN 数据线将此信号发送至车载电网控制单元 J519，J519 接收到此信号后，接通车外左后雾灯电路，左后雾灯点亮。

二、相关技能

(1) 万用表、示波器、故障诊断仪等常见设备的使用。

(2) 维修资料的查阅、电路原理图的识读和分析。

(3) 常见故障的诊断与排除。

(4) 6S 管理和操作。

诊断流程分析

雾灯不亮故障的诊断与排除

1. 故障现象

打开点火开关，将灯光开关旋至小灯挡及近光灯挡时，打开后雾灯，后雾灯不亮，其余灯均正常。

2. 故障分析

根据故障现象可知，由于其余灯可以正常点亮，说明车载电网控制单元 J519 接收到了灯光开关的信号；由于左尾灯模块为共用搭铁，模块内其他灯正常，故后雾灯 L46 搭铁无故障。后雾灯控制电路如图 4-47 所示。

综上所述，故障可能的原因有：

(1) 车载电网控制单元 J519 至 L46 线路故障；

(2) 后雾灯 L46 自身故障；

(3) 车载电网控制单元 J519 局部故障。

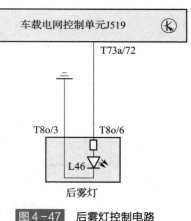

图 4-47　后雾灯控制电路

3. 诊断思路

1) 读取故障码

连接故障诊断仪，进入电子中央电气系统读取故障码，无故障码显示。

2) 测量 L46 的供电

打开点火开关，关闭后备箱，将灯光开关拨至小灯挡，打开后雾灯，利用万用表测量 L46 的供电端子 T8o/6 对地电压，测量值为 0.179 V（图 4-48），异常。测量结果说明 L46 供电异常，下一步需测量 J519 端信号输出。

图 4-48　测量 L46 的供电端子 T8o/6 对地电压

3）测量 J519 端信号输出

打开点火开关，关闭后备箱，将灯光开关拨至小灯挡，打开后雾灯，利用万用表测量 J519 端子 T73a/72 对地电压，测量值为 12.50 V（图 4-49），结果正常。

图 4-49　测量 J519 端子 T73a/72 对地电压

L46 的 T8o/6 端子至 J519 的 T73a/72 端子在同一线路存在 +B 压降，判断该线路断路。修复线路后，故障现象消失。

4. 故障机理

L46 的 T8o/6 端子至 J519 的 T73a/72 端子线路断路，导致左后雾灯 L46 无供电，因此打开点火开关，将灯光开关拨至小灯挡，打开后雾灯时，左后雾灯不亮。

雾灯不亮故障诊断学生考核报告表见表 4-7。

表4-7 雾灯不亮故障诊断学生考核报告表

		配分	扣分	判罚依据
故障现象描述				
可能的故障原因				
故障点和故障类型确认 (同时需要在维修手册上指出故障位置)	※注明测试条件、插件代码和编号、控制单元针脚代号以及测量结果； ※在电路图上指出最小故障线路范围或故障部件			

项目五
汽车舒适系统故障诊断

任务1 玻璃升降系统工作异常故障诊断

📝 任务描述

一辆迈腾 B8 轿车，打开点火开关，操作驾驶员侧玻璃升降总开关时，左后车窗可以正常升降，操作左后玻璃升降开关时，左后车窗不工作。请对该车辆进行维修，并填写诊断报告。

📝 任务分析

要完成该故障的诊断与排除，需要具备如下的知识和技能。

一、相关知识

迈腾 B8 玻璃升降系统控制原理如图 5-1 所示，系统主要包含车载电网控制单元

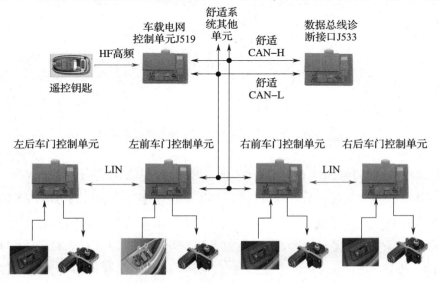

图 5-1 迈腾 B8 玻璃升降系统控制原理

J519、遥控钥匙、数据总线诊断接口 J533、4 个车门控制单元、4 个玻璃升降电机、4 个玻璃升降开关等。当使用遥控钥匙控制车窗升降时,遥控钥匙信号发送给车载电网控制单元 J519,J519 接收后通过舒适 CAN 总线将此信号发送给左前和右前车门控制单元,左前和右前车门控制单元控制自身车门车窗升降。同时,左前和右前车门控制单元通过 LIN 线将信息分别传递给左后和右后车门控制单元,左后和右后车门控制单元分别控制自身车门车窗升降。

玻璃升降开关包括驾驶员侧车门玻璃升降总开关和其余三个车门的分开关,其工作原理相同。驾驶员侧车门玻璃升降总开关控制电路如图 5-2 所示。

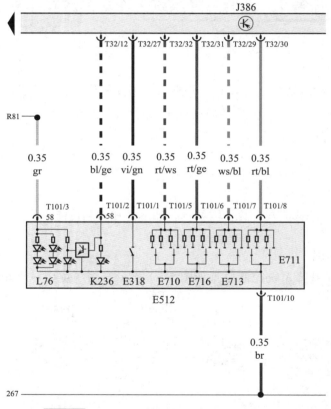

图 5-2 驾驶员侧车门玻璃升降总开关控制电路

操作驾驶员侧分开关 E716 进行控制时,J386 通过 T32/31 端子提供 0 V ~ + B 的方波信号(基准)幅值电压,分开关 E716 内部不同挡位电路中串入的电阻值不同,不管向上拉动开关至一挡(代表手动上升)、向上拉动开关至二挡(代表自动上升)、向下按动开关至一挡(代表手动下降),还是向下按动开关至二挡(代表自动下降),开关都会将 J386 提供的 0 V ~ + B 的方波信号(基准)幅值电压分压后作为信号传送给驾驶员侧车门控制单元,驾驶员侧车门控制单元将此信号转变成数字信号,通过舒适

CAN 总线传送给左前车门控制单元，左前车门控制单元根据内部的程序控制左前玻璃升降电动机的运行。

迈腾 B8 玻璃升降电机采用单独控制的直流永磁电机，电机的定子上安装有固定的主磁极和电刷，转子上安装有电枢绕组和换向器。直流电源的电能通过电刷和换向器进入电枢绕组，产生电枢电流，电枢电流产生的磁场与主磁场相互作用产生电磁转矩，使电机旋转并带动负载。

运行时转动的部分称为转子，其主要作用是产生电磁转矩和感应电动势，是直流电机进行能量转换的枢纽，所以通常又称为电枢。直流碳刷电机由转轴、电枢铁芯、电枢绕组、换向器等组成，如图 5-3 所示。

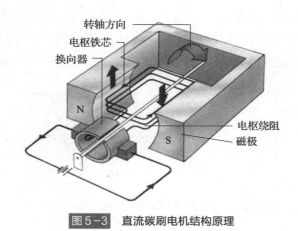

图 5-3　直流碳刷电机结构原理

迈腾 B8 玻璃升降电机在控制时，改变电机上的两个电源线方向（+、-），电机的转动方向将改变，随之车窗玻璃将会在滑道内上升或者下降，如图 5-4 所示。

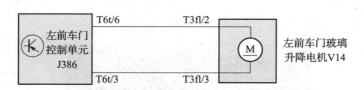

图 5-4　迈腾 B8 左前玻璃升降电机电路

二、相关技能

（1）万用表、示波器、故障诊断仪等常见设备的使用。

（2）维修资料的查阅、电路原理图的识读和分析。

（3）常见故障的诊断与排除。

（4）6S 管理和操作。

诊断流程分析

一、副驾驶员侧车窗升降开关 E107 信号线断路故障的诊断与排除

1. 故障现象

操作驾驶员侧的右前玻璃升降分开关 E716 时，右前车门玻璃升降电机 V15 工作正常，操作副驾驶员侧车窗升降开关 E107 时，右前车门玻璃升降电机 V15 不工作。

2. 故障分析

根据故障现象可知，操作驾驶员侧分开关 E716 时，右前车门玻璃升降电机 V15 工作正常，说明 V15 电机自身及其相关线路正常，但操作副驾驶侧开关 E107 时，右前车门玻璃升降电机 V15 不工作，可能是 J387 未收到 E107 发出的正常信号，故障可能在开关 E107、J387 自身及其线路。副驾驶员侧车窗升降开关 E107 控制电路如图 5-5 所示。

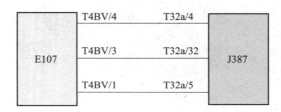

图 5-5　副驾驶员侧车窗升降开关 E107 控制电路

3. 诊断思路

1）测量 J387 端开关信号输入

打开点火开关，操作 E107 开关至不同挡位。测量 J387 的 T32a/32 端子对地波形，始终为 12 V 直线，如图 5-6 所示。

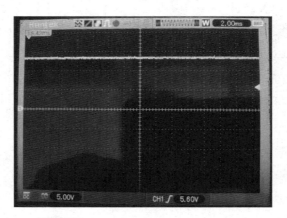

图 5-6　J387 的 T32a/32 端子对地波形

标准波形为 12 V 方波，幅值随开关挡位变化：上 2 挡 3 V、上 1 挡 6 V、空挡 6 V、下 1 挡 6 V、下 2 挡 0 V。

测试结果说明，J387 未收到 E107 开关发出的正常信号，故障可能在 E107 自身或 E107 至 J387 线路。

2）测量 E107 开关信号输出

测量 E107 的 T4BV/3 端子对地波形，如图 5-7 所示。

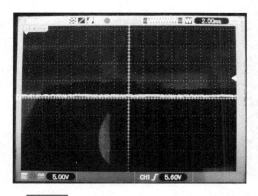

图 5-7　E107 的 T4BV/3 端子对地波形

测得 J387 的 T32a/32 端子至 E107 的 T4BV/3 端子线路两端波形不一致，下一步需进行线束检测。

3）线束检测

断开蓄电池负极，拔下 J387、E107 线束插头，测量 J387 的 T32a/32 端子至 E107 的 T4BV/3 端子线路两端电阻，测得电阻为无穷大（图 5-8），标准值为 0 Ω。

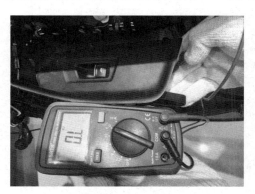

图 5-8　线束导通性检测

判断 J387 的 T32a/32 端子至 E107 的 T4BV/3 端子线路断路。修复线路后，故障现象消失。

副驾驶员侧车窗升降开关 E107 信号线断路故障诊断学生考核报告表见表 5-1。

表5-1　副驾驶员侧车窗升降开关E107信号线断路故障诊断学生考核报告表

		配分	扣分	判罚依据
故障现象描述				
可能的故障原因				
故障点和故障类型确认 （同时需要在维修手册上指出故障位置）	※注明测试条件、插件代码和编号、控制单元针脚代号以及测量结果； ※在电路图上指出最小故障线路范围或故障部件			

二、左后侧车门玻璃升降电机线路断路故障的诊断与排除

1. 故障现象

打开点火开关，操作驾驶员侧的左后玻璃升降分开关 E711 和左后车窗升降开关 E52 时，左后车门玻璃升降电机 V26 均不工作；操作车内联锁开关 E308 时，四个车门闭锁正常。

2. 故障分析

根据故障现象可知，操作车内联锁开关 E308 时，四个车门闭锁正常，说明 J386、J387、J388、J389 四个车门控制单元电源及通信均正常；但操作 E711 和 E52 开关时，左后车门玻璃升降电机 V26 均不工作。

综上所述，故障可能的原因有：

（1）E711 至 J386 线路故障；

（2）E52 至 J388 线路故障；

（3）V26 至 J388 线路故障；

（4）E711、E52、V26 自身故障。

左后车门玻璃升降电机 V26 控制电路如图 5-9 所示。

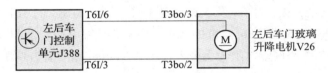

图 5-9　左后车门玻璃升降电机 V26 控制电路

3. 诊断思路

1）测量 V26 电机工作波形

打开点火开关，操作 E52，测量 V26 电机的 T3bo/3 和 T3bo/2 端子之间的工作波形，测得波形为 0 V 直线，如图 5-10 所示。

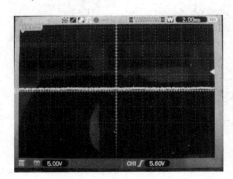

图 5-10　V26 电机 T3bo/3 和 T3bo/2 端子之间的工作波形

标准波形为 12 V 直线，实测 V26 电机工作波形异常，故障可能的原因有：
（1） J388 至 V26 电机线路故障；
（2） J388 局部故障。

2）测量 J388 端输出波形

打开点火开关，操作 E52，测量 J388 的 T6I/6 和 T6I/3 端子之间的输出波形，测得波形如图 5-11 所示，波形正常，说明 J388 端信号输出正常，下一步需进行线束检测。

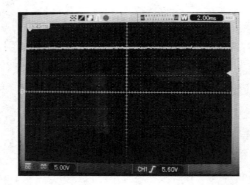

图 5-11　J388 的 T6I/6 和 T6I/3 端子之间的输出波形

3）线束检测

断开蓄电池负极，拔下 J388 及 V26 线束插头，测量 J388 的 T6I/3 至 V26 电机的 T3bo/2 与 J388 的 T6I/6 至 V26 电机的 T3bo/3 线路两端电阻，测得 J388 的 T6I/3 至 V26 电机的 T3bo/2 线路两端电阻为无穷大（图 5-12），标准值为 0 Ω。

图 5-12　线束导通性检测

判断该线路断路，修复线路后，故障现象消失。

左后侧车门玻璃升降电机线路断路故障诊断学生考核报告表见表 5-2。

表5-2 左后侧车门玻璃升降电机线路断路故障诊断学生考核报告表

		配分	扣分	判罚依据
故障现象描述				
可能的故障原因				
故障点和故障类型确认 (同时需要在维修手册上指出故障位置)	※注明测试条件、插件代码和编号、控制单元针脚代号以及测量结果； ※在电路图上指出最小故障线路范围或故障部件			

任务 2　中控门锁系统工作异常故障诊断

📝 任务描述

一辆迈腾 B8 轿车，使用遥控钥匙和操作车内联锁开关时，右后车门门锁均无法正常落锁，其余车门门锁工作正常。请对该车辆进行维修，并填写诊断报告。

📝 任务分析

要完成该故障的诊断与排除，需要具备如下的知识和技能。

一、相关知识

1. 迈腾 B8 中控门锁系统结构组成及控制运行原理

1）一键起动系统

在开启或锁闭车门时，一键起动系统只能使用遥控钥匙或机械钥匙解锁或闭锁，当进入车辆后，车内天线确定车内是否存在授权钥匙，通过一键起动按钮 E378 完成车辆点火和发动机起动的控制，如图 5-13 所示。

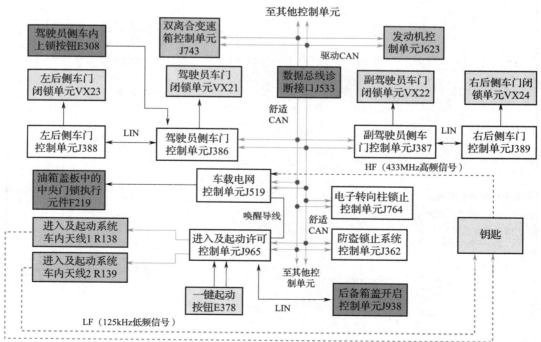

图 5-13　迈腾 B8 一键起动系统结构

2) 无钥匙进入/起动系统

在开启或锁闭车门时,车辆无钥匙进入系统可以依靠感应在不操作钥匙的情况下锁闭和解锁车辆,当然也可以使用遥控钥匙或机械钥匙解锁和锁闭车辆;当进入车辆后,车内天线确定车内是否存在授权钥匙,通过一键起动按钮 E378 完成车辆点火和发动机起动的控制,如图 5-14 所示。

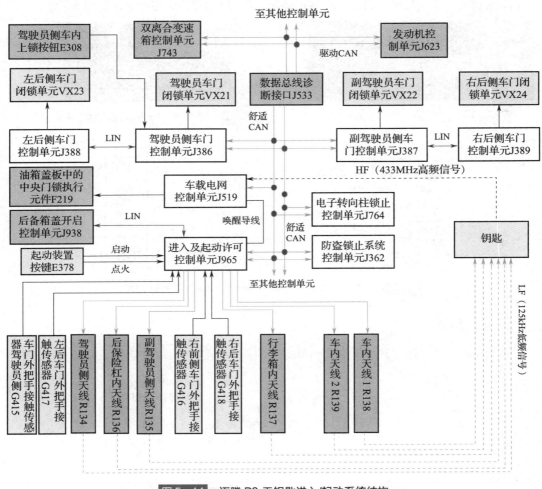

图 5-14　迈腾 B8 无钥匙进入/起动系统结构

3) 车门把手开关(无钥匙进入/起动系统)

每个车门的外把手上都装有一个如图 5-15 所示按钮,它是用来关闭中控门锁的。只有当钥匙被同侧的车外天线识别出来时,才能关闭中控门锁。

如果车钥匙处于中控门锁的识别范围内,那么就可以将手放到车门外把手上来打开车门,或按下车门外把手上的中控门锁按钮来锁上车门。如果在锁车门过程中,车内还有其他钥匙,则无法正常锁车。

4）驾驶员侧车内联锁开关 E308

通过驾驶员侧车内联锁开关 E308（图 5-16）可以将中控门锁开锁和闭锁，关闭并锁闭所有车门和后备箱盖时，按钮上的指示灯点亮为黄色，防盗报警装置不会激活，在车外无法打开车门或后备箱盖。例如，因交通信号灯停车时，拉车门开启拉手即可在车内开启车门锁、打开车门，所有车门开关上的指示灯熄灭，未打开的车门和后备箱盖仍处于闭锁状态，无法自车外打开。驾驶员侧车内联锁开关 E308 控制电路如图 5-17 所示。

图 5-15　迈腾 B8 车门外把手开关

图 5-16　迈腾 B8 驾驶员侧车内联锁开关 E308

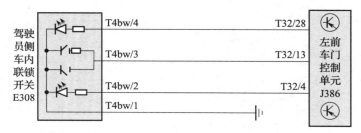

图 5-17　迈腾 B8 驾驶员侧车内联锁开关 E308 控制电路

2. 车门门锁

迈腾 B8 车门门锁（图 5-18）内部安装有印刷电路板，该电路板上安装有微动开

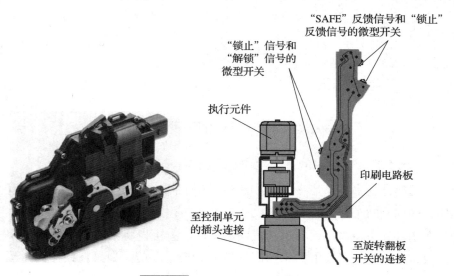

图 5-18　迈腾 B8 车门门锁结构

关，在门锁机械机构动作或门锁控制电机动作时，触发微动开关，该微动开关将门锁当前机械状态转换为电信号后被车门控制单元读取。

迈腾 B8 车门有两种闭锁状态：

（1）安全（SAFE）锁止状态，在该状态下从车内及车外均无法打开车门；

（2）锁止状态，在该状态下车门无法从车外打开，但可以从车内打开。

通过观察车门上指示灯的点亮情况，可以判断门锁的闭锁状态，红色 LED 指示灯快速闪亮 2 s 左右，然后慢速闪亮，表示处于"安全锁止"状态；指示灯闪亮 2 s 左右熄灭，30 s 后再次开始闪亮，表示处于"锁止"状态；指示灯持续点亮 30 s，表示中控门锁系统有故障，应尽快进行维修。

二、相关技能

（1）万用表、示波器、故障诊断仪等常见设备的使用。

（2）维修资料的查阅、电路原理图的识读和分析。

（3）常见故障的诊断与排除。

（4）6S 管理和操作。

诊断流程分析

驾驶员侧车内联锁开关 E308 信号线断路故障的诊断与排除

1. 故障现象

操作遥控钥匙时，四个车门闭锁正常；打开点火开关，操作驾驶员侧车内联锁开关 E308 时，四个车门均无法正常闭锁，其余功能均正常。

2. 故障分析

根据故障现象可知，操作遥控钥匙时，四个车门闭锁正常，说明四个车门闭锁电机工作正常，且 J386、J387、J388、J389 四个车门控制单元电源及通信正常，但操作 E308 时四个车门闭锁失效，可能是 J386 未收到 E308 发出的正常闭锁信号。

综上所述，故障可能的原因有：

（1）E308 开关至 J386 控制单元线路故障；

（2）E308 开关自身故障；

（3）J386 控制单元局部故障。

驾驶员侧车内联锁开关 E308 控制电路如图 5 - 17 所示。

3. 诊断思路

1) 测量 J386 的信号输入波形

打开点火开关，操作 E308 闭锁，测量 J386 的 T32/28 端子对地波形，测得波形如图 5-19 所示，标准波形如图 5-20 所示，实测波形异常。

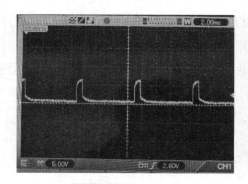

图 5-19　实测波形

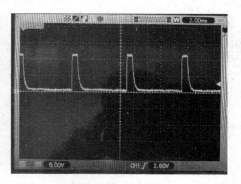

图 5-20　标准波形

测试说明 J386 未收到 E308 的正常信号，故障可能在 E308 自身或 E308 至 J386 的线路。

2) 测量 E308 信号输出波形

测量 E308 的 T4bw/4 端子对地波形，测得波形如图 5-21 所示。

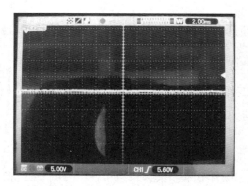

图 5-21　E308 的 T4bw/4 端子对地波形

测得 J386 的 T32/28 和 E308 的 T4bw/4 线路两端波形不一致，下一步需进行线束检测。

3) 线束检测

断开蓄电池负极，拔下 J386 和 E308 线束插头，测量 J386 的 T32/28 与 E308 的 T4bw/4 之间线路两端电阻，测得电阻为无穷大，标准值为 0 Ω，判断为线路断路，修复线路后，故障现象消失。

驾驶员侧车内联锁开关 E308 信号线断路故障诊断学生考核报告表见表 5-3。

表 5-3　驾驶员侧车内联锁开关 E308 信号线断路故障诊断学生考核报告表

		配分	扣分	判罚依据
故障现象描述				
可能的故障原因				
故障点和故障类型确认 （同时需要在维修手册上指出故障位置）	※注明测试条件、插件代码和编号、控制单元针脚代号以及测量结果； ※在电路图上指出最小故障线路范围或故障部件			

任务3　电动后视镜系统工作异常故障诊断

📝 任务描述

一辆迈腾 B8 轿车，打开点火开关，操作后视镜调节开关，左侧后视镜不能调节，右侧后视镜调节正常。请对该车辆进行维修，并填写诊断报告。

📝 任务分析

要完成该故障的诊断与排除，需要具备如下的知识和技能。

一、相关知识

迈腾 B8 电动后视镜控制系统包括后视镜控制开关、左侧后视镜总成、右侧后视镜总成、驾驶员侧车门控制单元 J386、副驾驶员侧车门控制单元 J387，如图 5-22 所示。当使用遥控钥匙解锁或闭锁时，车载电网控制单元 J519 将钥匙指令通过舒适 CAN 总线传送给左前、右前车门控制单元，左前、右前车门控制单元控制后视镜折叠或展开。当操作后视镜控制开关 EX11 时，调节开关将信号传递给左前车门控制单元 J386。

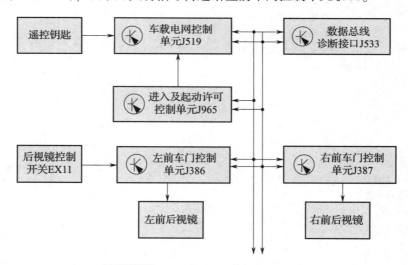

图 5-22　迈腾 B8 电动后视镜系统原理

1）后视镜控制开关

后视镜控制开关由后视镜调节开关 E43、后视镜调节转换开关 E48、后视镜加热按钮 E231 和后视镜内折开关 E263 组成，其电路如图 5-23 所示。

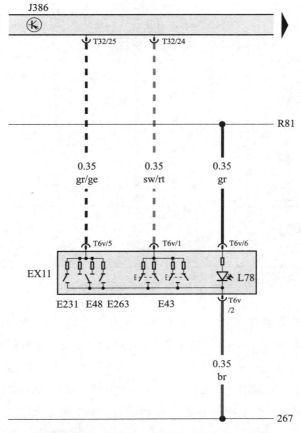

图 5-23 迈腾 B8 电动后视镜控制开关电路

迈腾 B8 后视镜控制开关内部采用触点和分压电阻相结合的输出方式，将左后视镜调节、右后视镜调节、左后视镜垂直/水平调节、右后视镜垂直/水平调节、左右后视镜加热、左右后视镜折叠等信号通过两根信号线输出，通过两根信号线上的电压组合判断后视镜的调节意图。

后视镜控制开关内部装有不同的触点开关和分压电阻，操作开关在不同的挡位（左后视镜垂直/水平调节、右后视镜垂直/水平调节、左后视镜调节、右后视镜调节、左右后视镜加热、左右后视镜折叠）时，通过开关内部触点和分压电阻输出两个电压信号，左前车门控制单元 J386 接收到这两个电压信号后进行处理分析，然后控制后视镜电机以及加热元件做相应动作。

2）后视镜总成

迈腾 B8 后视镜总成由后视镜水平/垂直调节电机、后视镜折叠/展开电机、后视镜加热丝、后视镜转向灯等组成。

以驾驶员侧后视镜调节为例，其电机电路如图 5-24 所示，电机工作过程如下。

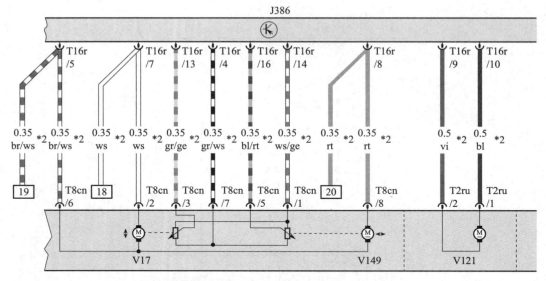

图 5-24　迈腾 B8 驾驶员侧后视镜电机电路

后视镜垂直调节电机和水平调节电机有一根共用线路，即 V17 和 V149 有一个共用控制导线 T8cn/6—T16r/5，无论 V17 工作还是 V149 工作，这根导线都会出现低电位或高电位。

后视镜水平调节时，微电机 V17 可以沿两个方向工作，如果电机控制线路电压相反，即 T16r/5 和 T16r/7 端子电压相反，电机运转方向相反，通过连接机构带动后视镜左右水平摆动。

后视镜垂直调节时，微电机 V149 可以沿两个方向工作，如果电机控制线路电压相反，即 T16r/5 和 T16r/8 端子电压相反，电机运转方向相反，通过连接机构带动后视镜上下垂直摆动。

后视镜折叠/展开工作时，微电机 V121 可以沿两个方向工作，如果电机控制线路电压相反，即 T16r/9（+、-）和 T16r/10（-、+）端子电压相反，电机运转方向相反，通过连接机构带动后视镜折叠或展开。

通过驾驶员侧车内联锁开关 E308 可以将中控门锁开锁和闭锁，关上并闭锁所有车门和后备箱盖时，按钮上的指示灯点亮为黄色，防盗报警装置不会激活，在车外无法打开车门或后备箱盖。例如，因交通信号灯停车时，拉车门开启拉手即可在车内开启车门锁、打开车门，所有车门开关上的指示灯熄灭，未打开的车门和后备箱盖仍处于闭锁状态，无法自车外打开。

二、相关技能

（1）万用表、示波器、故障诊断仪等常见设备的使用。

（2）维修资料的查阅、电路原理图的识读和分析。

(3) 常见故障的诊断与排除。

(4) 6S 管理和操作。

诊断流程分析

后视镜调节转换开关 E48 自身损坏故障的诊断与排除

1. 故障现象

打开点火开关，后视镜调节转换开关 E48 在 L 挡时，左、右后视镜不能调节；后视镜调节转换开关 E48 在 R 挡时，右侧后视镜可以单独调节，其余功能均正常。

2. 故障分析

由于后视镜调节转换开关 E48 在 R 挡时，右侧后视镜可以正常工作，说明控制单元 J386、J387 之间通信正常，调节开关 E43 工作正常，右侧后视镜及其电路工作正常。后视镜调节转换开关 E48 在 L 挡时，无法调整左、右后视镜的主要原因可能有：

(1) E48 转换开关自身故障；

(2) 左侧后视镜自身及其线路故障；

(3) J386 局部故障。

3. 诊断思路

打开点火开关，反复操作 E48，利用示波器测量 E48 的 T6aq/5 端子对地波形，正常情况下，在不同挡位时会测得不同幅值的方波脉冲信号，如图 5-25 所示。

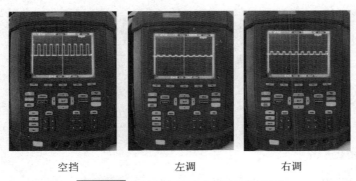

空挡　　　　　左调　　　　　右调

图 5-25　E48 的 T6aq/5 端子正常波形

实测结果为在不同挡位时均为右调的波形，说明在 E48 调整到左侧时信号输出异常。E48 的工作原理是左右挡位时在电路中串入不同的电阻，由于开关调整到右侧时信号输出正常，说明开关电源和搭铁电路正常，信号输出异常的原因就在于开关自身故障，应更换。

更换后视镜开关后，故障解除，系统恢复正常。

后视镜调节转换开关 E48 自身损坏故障诊断学生考核报告表见表 5-4。

表 5-4 后视镜调节转换开关 E48 自身损坏故障诊断学生考核报告表

		配分	扣分	判罚依据
故障现象描述				
可能的故障原因				
故障点和故障类型确认 （同时需要在维修手册上指出故障位置）	※注明测试条件、插件代码和编号、控制单元针脚代号以及测量结果； ※在电路图上指出最小故障线路范围或故障部件			

项目六
汽车底盘典型故障诊断

任务1 汽车制动不良故障诊断

📝 任务描述

一辆迈腾B8轿车,该车车主反映行驶过程中,当踩下制动踏板,行车制动时出现制动不良现象。车主将车开到大众4S店,维修技师对该故障进行检测。

📝 任务分析

要完成该故障的诊断与排除,需要具备如下的知识和技能。

一、相关知识

1. 液压式行车制动系统的基本组成及工作原理

行车制动系统由车轮制动器和液压传动机构两部分组成,如图6-1所示。车轮制动器的旋转部分是制动鼓,它固定于轮毂上,与车轮一起旋转;固定部分是制动蹄和

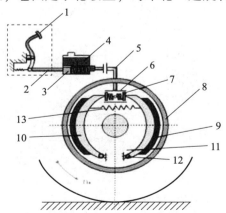

图6-1 行车制动系统的基本组成

1—制动踏板;2—推杆;3—主缸活塞;4—制动主缸;5—油管;6—制动轮缸;7—轮缸活塞;
8—制动鼓;9—摩擦片;10—制动蹄;11—制动底板;12—支承销;13—复位弹簧

制动底板等。制动蹄上铆有摩擦片,其下端套在支承销上,上端用复位弹簧拉紧,压靠在轮缸内的活塞上。支承销和轮缸都固定在制动底板上,制动底板用螺钉与转向节凸缘(前桥)或桥壳凸缘(后桥)固定在一起,制动蹄靠液压轮缸张开。

行车制动系统基本工作原理:不制动时,制动鼓的内圆柱面与摩擦片之间保留一定间隙,制动鼓可以随车轮一起旋转;制动时,驾驶员踩下制动踏板,主缸推杆便推动制动主缸内的活塞右移,迫使制动液经管路进入轮缸,推动轮缸内的活塞向外移动,使制动蹄克服复位弹簧的拉力绕支承销转动而张开,消除制动蹄与制动鼓之间的间隙后压紧在制动鼓上。此时,不旋转的制动蹄摩擦片对旋转的制动鼓产生一个摩擦力矩,其方向与车轮的旋转方向相反,制动鼓将此力矩传到车轮后,由于车轮与路面的附着作用,车轮即对路面作用一个向前的圆周力,与此相反,路面会给车轮一个向后的反作用力,这个力就是车轮的制动力,该制动力迫使汽车迅速减速甚至停车。松开制动踏板后,在复位弹簧的作用下,制动蹄与制动鼓的间隙又恢复,解除制动。

2. 浮盘式制动器的基本组成及工作原理

迈腾 B8 采用浮盘式制动器,其特点是制动钳体在轴向处于浮动状态,轮缸只布置在制动钳的内侧,外侧摩擦衬块则固定在钳体上,且数量只有固定式制动钳的一半,为单向轮缸,制动钳可相对于制动盘轴向移动。图 6-2 为滑销式浮盘制动器的示意图。制动时,制动液的压力 p_1 作用在活塞上,带动活动制动块运动,并推动制动盘,利用制动钳上的反作用力 p_2 推动制动钳体移动,将固定制动块同时推到制动盘上,继而压紧制动盘,产生制动力。由于滑销式制动钳易实现密封润滑,蹄盘间隙的回位能力稳定,故使用较广。

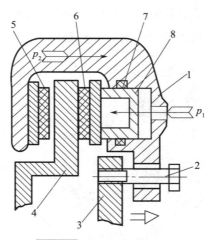

图6-2 滑销式浮盘制动器

1—制动钳体;2—滑销;3—支架;4—制动盘;5—固定制动块;
6—活动制动块;7—矩形密封环;8—活塞

二、相关技能

(1) 拆装工具、专用工具、测量工具等常见设备的使用。
(2) 维修资料的查阅。
(3) 制动系统常见故障的诊断与排除。
(4) 6S 管理和操作。

诊断流程分析

一、汽车制动跑偏故障的诊断与排除

1. 故障现象

汽车行驶时,踩下制动踏板,汽车在减速过程中,驾驶员松开方向盘,汽车会向左侧或右侧跑偏,驾驶员需要向另一方向转动方向盘或紧握方向盘,以维持汽车直线行驶。

2. 故障分析

汽车行车制动跑偏的主要原因是汽车制动时左右车轮制动力矩或作用时间不一致。例如,汽车向右侧跑偏,说明左侧车轮制动力矩小于右侧,或左侧制动响应时间比右侧晚。由于该故障车辆传动形式为前轮驱动,因此主要故障点位于前左右轮。造成前左右车轮制动力矩不等或作用时间不一致的原因分析如下:

(1) 前左右车轮的胎压相差较大,磨损程度不同,导致左右车轮滚动半径不等,汽车会偏向半径小的一侧;
(2) 汽车前轮定位不一致或车身变形,也会引起汽车跑偏;
(3) 一侧制动油管存在阻塞、漏油或有空气现象,导致该侧制动轮缸压力偏小,制动力矩小于另一侧;
(4) 一侧制动轮缸卡滞或漏油,轮缸活塞不能压紧制动片,造成制动力矩偏小;
(5) 一侧制动摩擦片与制动盘之间有油污,造成最大静摩擦力变小;
(6) 左右两侧车轮制动间隙、磨损程度不一致,导致两侧制动力矩不同。

3. 诊断思路

1) 对故障车辆进行路试

汽车正常行驶时,不踩制动踏板,松开方向盘,汽车基本保持直线行驶,跑偏现象不明显,踩下制动踏板后,汽车向右侧偏转。根据故障现象分析,初步判断前左右轮定位参数正常,故障点应在左前轮上。

2）测量胎压

使用专业胎压测量表检测前左右车轮的胎压，如图 6-3 所示。汽车胎压一般应在 2.4~2.8 bar，经检测右侧胎压为 2.7 bar，左侧胎压为 2.6 bar，胎压正常，基本符合要求。

图 6-3　测量轮胎胎压

3）检查左前轮制动油管

举升车辆，检查左前轮制动油管是否有漏油现象，特别是金属油管与橡胶油管的接头处，接头应牢固；检查金属油管的管夹是否固定牢靠；检查橡胶油管有无老化鼓包现象，如图 6-4 所示。如果存在以上现象，必须更换油管。经检测，左前轮制动油管外观及接头连接均正常。

图 6-4　检查制动油管

4）目测制动摩擦片与制动盘之间间隙

该故障车辆前轮为钳盘式制动，实际上在不踩制动踏板时，其制动盘和摩擦片之间没有间隙或间隙很小，两者只是不受力地挨在一起，当踩下制动踏板时，分泵活塞推动摩擦片向制动盘施加压力从而达到制动效果。经目测，该车前左右车轮摩擦片与制动盘之间几乎没有间隙，属正常现象，如图 6-5 所示。

5) 检查制动摩擦片内侧是否有油污

经检查,左侧车轮摩擦片工作面正常无油污。

6) 检查制动分泵

钳盘式制动分泵安装在制动卡钳上,分泵内装有活塞,在分泵的边缘装有橡胶密封圈,目的是防止分泵内制动油液渗漏。将制动卡钳用钩子挂在减振器上,防止油管断裂,检查左侧分泵是否有渗漏,活塞是否有卡滞,密封圈是否有老化、凹瘪现象。经检查,左侧分泵无渗漏,活塞运动正常,密封圈完好正常,如图6-6所示。

图6-5 目测摩擦片与制动盘间隙

图6-6 检查制动分泵

通过以上检查,分析可知左侧制动系统的制动分泵无故障、摩擦片与制动盘工作正常,该故障车辆制动跑偏的原因为管道内有杂物阻塞,或有空气引起的气阻现象,导致左侧的制动力矩偏小。

排除该故障的主要方法是对汽车左侧车轮的制动管道进行排气。该工作需要两人完成,具体方法为一人将一根软管一端接到放气螺钉上,另一端插入容器中;另一人用力迅速踩下并缓慢放松制动踏板,如此反复数次后,再踩下制动踏板,并保持一定高度使之不动;然后拧松放气螺钉,管路中空气随制动液顺着软管排出制动系统,再将放气螺钉拧紧;重复上述步骤多次,直至排出的制动液里无气泡为止,并取下软管,套上防尘罩;最后观察储液罐制动液面高度,必要时添加制动液。完成以上操作后,对故障车辆进行路试,故障现象消失。

汽车制动跑偏故障诊断学生考核报告表见表6-1。

表 6-1 汽车制动跑偏故障诊断学生考核报告表

学院		专业	
姓名		学号	
小组成员		组长姓名	

实训目标：
1. 能够依据接待要求，结合客户的需求，独立完成接待准备工作；
2. 能够根据车辆的故障现象，初步分析故障原因，并制订车辆的初步维修方案；
3. 能够规范使用拆装及测量工具；
4. 学会查询维修手册，并按照维修手册进行操作；
5. 能够快速查找故障点，排除并修复验证；
6. 巩固汽车制动系统的相关知识；
7. 养成与他人协作的习惯，具备良好的人际交往能力。

一、接受工作任务

一辆迈腾 B8 轿车，车主反映汽车制动时向右侧跑偏，车主要求对汽车该故障进行检测维修。

二、制订计划

小组成员任务分工。

三、计划实施

1. 初步分析引起该故障现象可能的原因。

2. 根据上述分析及测试结果，进一步明确故障范围，确定测试突破点。

3. 基于以上诊断结论，选择测量点，实施测量，确定故障所在位置。

4. 结合诊断结果，分析故障机理，总结提升。

四、评价反馈

二、汽车制动方向盘抖动故障的诊断与排除

1. 故障现象

汽车行驶过程中，在进行行车制动时，方向盘抖动，并伴有车身抖动现象。

2. 故障分析

方向盘主要用来控制汽车的行驶方向，转向失控很容易引起交通事故；同时行车制动时方向盘抖动也是制动失灵的前兆，需及时进行诊断和维修。该类故障常见的原因有以下几点。

（1）转向系统故障。转向横拉杆、转向横拉杆球头有锈蚀、松动等情况，汽车行驶时，前左右车轮会发生摆动，通过转向节臂、转向横拉杆、转向器、转向柱引起方向盘振动。

（2）刹车盘磨损不一致。行车制动时，同轴的左右轮在一个圆周内出现不同步的一次或多次因制动力矩的不均衡而产生制动一松一紧的现象，就会使左右轮产生不等速滚动，从而产生车轮左右来回摆动，该摆动会反馈到方向盘上。

（3）车轮轴承存在旷量，汽车制动时，前轴某一车轮左右摆动，并通过转向系统传到方向盘上。

（4）制动片上有油污或破损，引起左右车轮制动力不均匀，引起车轮左右摆动。

3. 诊断思路

1）对故障车进行路试

汽车正常行驶时，方向盘没有明显的抖动，可以排除转向系统故障。如果方向盘抖动明显，用手上下晃动转向横拉杆，检查转向横拉杆是否有松动，如图6-7所示。

2）检查车轮轴承

将车辆举升，分别上下和左右晃动车轮，并转动车轮，检查车轮轴承是否存在间隙，若车轮无晃动，可排除车轮轴承故障，如图6-8所示。

图6-7　检查转向横拉杆

图6-8　检查车轮轴承

3）检查制动片外观及磨损情况

首先检查制动钳支架紧固螺栓是否松动，若有松动，按规定力矩拧紧后，再次检查，如果仍然有松动，更换紧固螺栓。然后拆下车轮制动片，目测制动片有无破损或油污，制动片外观正常，如图 6-9 所示。如有破损，需更换制动片；如有油污，需用干净的抹布擦拭，并检查油污来源。

使用深度尺测量制动片厚度，如图 6-10 所示。前左右轮四个制动片的厚度均大于 3 mm，且厚度相差不超过 1.5 mm，制动片正常。如果超差，应更换制动片。注意，必须前轮或后轮成对更换，不能单换一个。

图 6-9 制动片外观检查

图 6-10 测量制动片厚度

4）检查制动盘

首先目测制动盘表面是否光亮整洁，有无比较深的划痕或严重损坏，如图 6-11 所示。经检查，制动盘外观正常。如有以上情况，需更换制动盘。然后使用千分尺测量制动盘磨损量，具体方法是先测量制动盘边缘处厚度 a，再测量制动盘磨损处厚度 b，则制动盘磨损总量为 $a-b$，如图 6-12 所示。若磨损总量未超过极限量 2 mm，则为正常磨损；若磨损量超过极限量 2 mm，则必须更换制动盘。

图 6-11 制动盘外观检查

图 6-12 测量制动盘磨损量

使用磁力座与百分表检查制动盘端面跳动，进而判断制动盘是否存在变形。具体方法是先将百分表安装在磁力座上，然后将磁力座吸合在汽车减振器上，让百分表的测试头轻顶制动盘上距离边缘约 10 mm 的位置，使百分表的指针摆过 1 圈左右（测试头缩进 1 mm 左右），并保证百分表与制动盘表面垂直，慢慢转动制动盘一圈，记录百分表指针摆动的左右极限值，该左右极限值的差就为制动盘的端面跳动量，如图 6-13 所示。

图 6-13　测量制动盘端面跳动

制动盘端面跳动量是反映制动盘摩擦表面平整程度的一项关键数据，以目前的零部件加工工艺和车辆使用要求，制动盘的端面跳动量不应超过 0.05 mm。如果该数据超标，会使制动过程中盘面与摩擦片之间的接触压力分布不均匀，产生制动力矩波动，进而引起方向盘抖动。经测量，该车右前轮制动盘端面跳动量为 0.17 mm，左前轮端面跳动量为 0.12 mm，存在异常，应进行修复或更换制动盘。

5）分析原因

综上所述，可能是汽车制动时制动片过热，再突然遇冷，引起制动盘变形，造成表面不平整。

6）故障排除

可采取打磨或者直接更换的方法来修复。制动盘打磨应使用制动盘专用研磨机。

汽车制动方向盘抖动故障诊断学生考核报告表见表 6-2。

表6-2 汽车制动方向盘抖动故障诊断学生考核报告表

学院		专业	
姓名		学号	
小组成员		组长姓名	

实训目标：
1. 能够依据接待要求，结合客户的需求，独立完成接待准备工作；
2. 能够根据车辆的故障现象，初步分析故障原因，并制订车辆的初步维修方案；
3. 能够规范使用拆装及测量工具；
4. 学会查询维修手册，并按照维修手册进行操作；
5. 能够快速查找故障点，排除并修复验证；
6. 巩固汽车制动系统的相关知识；
7. 养成与他人协作的习惯，具备良好的人际交往能力。

一、接受工作任务
一辆大众迈腾 B8 轿车，车主反映汽车制动时方向盘抖动，车主要求对汽车该故障进行检测维修。
二、制订计划
小组成员任务分工。
三、计划实施
1. 初步分析引起该故障现象可能的原因。 2. 根据上述分析及测试结果，进一步明确故障范围，确定测试突破点。 3. 基于以上诊断结论，选择测量点，实施测量，确定故障所在位置。 4. 结合诊断结果，分析故障机理，总结提升。
四、评价反馈

任务 2　ABS 故障灯常亮故障诊断

任务描述

一辆迈腾 B8 轿车，该车车主来 4S 店反映汽车仪表盘上有一个红色故障灯常亮。经维修技师检查，初步确定为 ABS 故障灯常亮。请对该车辆进行维修，并填写诊断报告。

任务分析

要完成该故障的诊断与排除，需要具备如下的知识和技能。

一、相关知识

1. ABS 制动系统的作用及组成

防抱死制动系统（Antilock Brake System，ABS）的作用就是在汽车制动时，自动控制制动器制动力的大小，使车轮不被抱死，处于边滚边滑（滑移率在 20% 左右）的状态，以保证车轮与地面的附着力保持在最大值。防抱死制动系统由车轮转速传感器、制动压力调节器、电子控制单元（ECU）和 ABS 警示装置等组成，如图 6-14 所示。

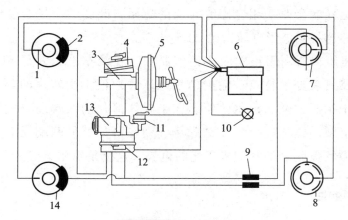

图 6-14　ABS 组成

1—车轮转速传感器；2—右前制动器；3—制动主缸；4—储液室；
5—真空助力器；6—电子控制单元（ECU）；7—右后制动器；
8—左后制动器；9—比例阀；10—ABS 警告灯；11—储液室；
12—调压电磁阀总成；13—电动泵总成；14—左前制动器

2. ABS 工作原理

ABS 利用装在车辆刹车系统上的传感器来感知刹车时车轮的运动状态，在制动时，ABS 根据每个车轮速度传感器传来的速度信号，可迅速判断出车轮的抱死状态，关闭开始抱死车轮上的常开输入电磁阀，让制动力不变；若车轮仍处于抱死状态，则打开常闭输出电磁阀，该抱死车轮上的制动力由于出现直通制动液储油箱的管路而迅速减小，防止因制动力过大而将车轮完全抱死。这样既能保持足够的制动力，又能防止车轮抱死后车辆失去控制。特别是在湿滑路面上，车轮抱死会发生侧滑、打转，十分危险，所以 ABS 为行车安全提供了很大帮助。

3. 轮速传感器

轮速传感器是用来测量汽车车轮转速的传感器。常用的轮速传感器主要有磁电式轮速传感器、霍尔式轮速传感器。对于现代汽车而言，轮速信息是必不可少的，汽车动态控制系统、汽车电子稳定程序、防抱死制动系统（ABS）、自动变速器的控制系统等都需要轮速信息。所以，轮速传感器是现代汽车中最为关键的传感器之一。

磁电式轮速传感器由永磁性磁芯和线圈两部分组成。永磁性磁芯南北两极形成磁力线。对于磁芯而言，它周围布满了线圈，且都是圈绕包围在磁芯的外面。也正是因为这样的结构，导致磁力线完全可以通过线圈。一旦汽车的车轮开始高速旋转，由于齿圈是与车轮进行同步旋转的，因此它相应的齿以及间隙会通过传感器的磁场，这样就会改变相应磁路对应的磁阻，改变的磁场会使线圈上形成感应电动势，传感器将其波形电压传给 ABS。

霍尔式轮速传感器利用霍尔效应原理制成，在汽车上也获得了较多应用。霍尔式轮速传感器具有如下特点：输出信号电压振幅值不受转速的影响；频率响应高；抗电磁波干扰能力强。霍尔效应即在半导体薄片的两端通以控制电流，在薄片的垂直方向上施加磁场强度为 B 的磁场，则在薄片的另两端便会产生一个大小与控制电流、磁场强度 B 的乘积成正比的电势，这就是霍尔电势。

二、相关技能

（1）拆装工具、专用工具、测量工具等常见设备的使用。

（2）维修资料的查阅。

（3）制动系统常见故障的诊断与排除。

（4）6S 管理和操作。

诊断流程分析

ABS 故障灯常亮故障的诊断与排除

1．故障现象

汽车发动机起动后，仪表盘上 ABS 故障灯常亮，汽车高速行驶，紧急制动时，出现车轮抱死拖滑现象，路面出现深色刹车痕迹。

2．故障分析

ABS 是在普通制动系统上增加的一套电控系统，由于该汽车在高速行驶时踩下制动踏板能够紧急制动，基本排除普通制动系统故障。ABS 故障灯常亮的主要原因如下：

（1）ECU 电源、搭铁或信号线路存在断路、短路、虚接等现象；

（2）ECU 自身损坏；

（3）轮速传感器信号故障；

（4）制动压力调节电磁阀故障。

3．诊断思路

（1）故障现象如图 6-15 所示，首先检查仪表盘上红色制动警告灯是否正常。汽车在行驶和制动时，制动警告灯均未点亮，汽车停止后，拉起驻车制动操纵杆，制动警告灯正常点亮，解除后熄灭，说明故障警告系统正常。如果红色制动警告灯常亮，说明制动液不足。

图 6-15　ABS 故障灯常亮

（2）对系统进行外观检查，检查是否存在制动液渗漏、系统线路破损、插头松动等现象。经检查，无以上现象。

（3）连接故障诊断仪，读取故障码，显示左后车轮轮速传感器信号故障。在汽车行驶状态下，读取四个车轮的转速数据流，显示左后车轮转速为0。

（4）检测左后车轮轮速传感器线路，拔下传感器插头，利用万用表测量线束端两端子的电压差，测量值为5 V，说明轮速传感器至ECU线路正常。

（5）该车采用两线霍尔式轮速传感器，利用万用表测量其内部电阻，电阻值为无穷大，利用万用表的二极管挡测得0.6 V左右电压差，说明轮速传感器自身无故障。

（6）检查左后车轮轮速传感器外观情况，若轮速传感器检测头部与信号齿圈间隙过大、检测头部有污垢或磁性物包裹，都会引起传感器无法产生转速信号。检测头部至信号齿圈的间隙：前轮应为1.1~1.9 mm，后轮应为0.2~0.9 mm。经检测，左后车轮间隙明显过大，传感器检测头部有少许污垢。

（7）拆卸左后车轮轮速传感器，对传感器检测头部进行清洁处理并安装传感器，安装时将传感器头部与安装座端面持平，调整间隙至规定尺寸。起动车辆，进行路试，连接故障诊断仪，读取四个车轮数据流，显示正常，仪表上ABS故障灯自动熄灭，ABS恢复正常。

ABS故障灯常亮故障诊断学生考核报告表见表6-3。

表6-3 ABS故障灯常亮故障诊断学生考核报告表

学院		专业	
姓名		学号	
小组成员		组长姓名	

实训目标：
1. 能够依据接待要求，结合客户的需求，独立完成接待准备工作；
2. 能够根据车辆的故障现象，初步分析故障原因，并制订车辆的初步维修方案；
3. 能够规范使用拆装及测量工具；
4. 学会查询维修手册，并按照维修手册进行操作；
5. 能够快速查找故障点，排除并修复验证；
6. 巩固汽车制动系统的相关知识；
7. 养成与他人协作的习惯，具备良好的人际交往能力。

一、接受工作任务

一辆大众迈腾 B8 轿车，车主反映汽车仪表盘上 ABS 故障灯常亮，车主要求对汽车该故障进行检测维修。

二、制订计划

小组成员任务分工。

三、计划实施

1. 初步分析引起该故障现象可能的原因。

2. 根据上述分析及测试结果，进一步明确故障范围，确定测试突破点。

3. 基于以上诊断结论，选择测量点，实施测量，确定故障所在位置。

4. 结合诊断结果，分析故障机理，总结提升。

四、评价反馈

任务3 汽车转向沉重故障诊断

📝 任务描述

一辆迈腾 B8 轿车，该车车主来 4S 店反映驾驶汽车时，转动方向盘感到沉重费力。请对该车辆进行维修，并填写诊断报告。

📝 任务分析

要完成该故障的诊断与排除，需要具备如下的知识和技能。

一、相关知识

至今，汽车转向系统经历了传统机械转向系统、液压助力转向系统、电液助力转向系统和电动助力转向系统等 4 个发展阶段，未来则可能向线控动力转向系统发展。目前，汽车转向系统基本采用电动助力转向系统，其也称为电子转向系统。电子转向系统实际是在传统机械转向系统基础上增加了一套电动助力转动系统。

1. 传统机械转向系统

传统机械转向系统以驾驶员的体力作为转向能源，所有传递力的构件都是机械的，主要由转向操纵机构、转向器和转向传动机构三大部分组成，如图 6-16 所示。

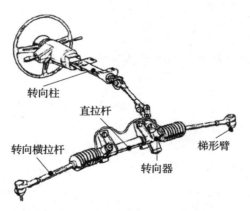

图 6-16 传统机械转向系统

转向操纵机构是驾驶员操纵转向器工作的机构，包括从方向盘到转向器输入端的零部件。转向器是把方向盘传来的转矩按一定传动比放大并输出的增力装置，转向器最早采用的是蜗轮蜗杆式，之后陆续出现了螺杆螺母式、齿轮齿条式、循环球式等形式。一般乘用汽车普遍采用齿轮齿条式转向器。转向传动机构是把转向器输出的力矩传递给转向车轮的机构，包括从转向摇臂到转向车轮的零部件。当汽车需要改变行驶方向时，驾驶员通过转动方向盘，将转向力矩经由转向柱、转向器、直拉杆、转向横拉杆和梯形臂等使转向节偏转，实现汽车方向的改变。

2. 电动助力转向系统

电动助力转向系统是机电一体化的产品，它由转向管柱、扭矩传感器、助力电机、控制模块等组成。其特点是控制助力电机在不同的驾驶条件下为驾驶员提供合适的助力。

电动助力转向系统控制原理如图 6-17 所示。车辆起动后，电动助力转向系统开始工作，当车速小于一定速度（如 80 km/h）时，驾驶员转动方向盘，车速传感器采集的信息传给车载控制单元，电子转向控制单元通过 CAN 总线接收该信息，同时控制单元接收扭转传感器采集的转向盘的转动扭矩和方向信息，控制单元根据以上信息，计算后向伺服电机发出控制指令，使伺服电机输出相应大小及方向的扭矩以产生助动力；当不转向时，电控单元不向伺服电机发送扭矩信号，伺服电机的电流趋向于零。

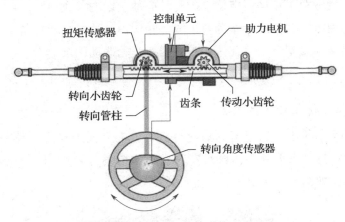

图 6-17　电动助力转向系统控制原理

电动助力转向系统提供的转向助力与车速成反比，当车速越快时，伺服电机的电流越小，车辆的助力越小，当车辆在一定速度（如 80 km/h）或以上行驶时，伺服电机的电流也趋向于零，保证汽车在高速、低速行驶操作过程中均具有更好的稳定性。

二、相关技能

(1) 拆装工具、专用工具、测量工具等常见设备的使用。
(2) 维修资料的查阅。
(3) 制动系统常见故障的诊断与排除。
(4) 6S 管理和操作。

汽车检测与故障诊断技术

诊断流程分析

汽车转向沉重故障的诊断与排除

1. 故障现象

在汽车行驶过程中,驾驶员向左右转动方向盘时感到沉重费力,方向盘自动回正困难。

2. 故障分析

该故障车采用电动助力转向系统,故障可能位于电子助力部分,也可能位于机械转向部分,主要故障原因如下:

(1) 相关线路存在短路、断路,线路接头接触不良,传感器损坏,引起助力电机工作不良,以上为电控部分可能的故障原因;

(2) 轮胎胎压过低,引起方向盘沉重,并且自动回正缓慢;

(3) 前轮定位参数不正确,定位参数对转向性能影响很大;

(4) 转向器故障,如齿轮齿条啮合过紧、转向器缺油,引起传动阻力变大;

(5) 转向节臂与悬架下摆臂连接松旷,引起车轮摆动困难。

3. 诊断思路

1) 检查电控系统工作是否正常

在该故障车停车状态下,不打开点火开关,左右转动方向盘,感受阻力情况,感觉比较沉重费力;打开点火开关,再次左右转动方向盘,转动阻力减小,初步判定电控系统工作正常,如图 6 – 18 所示。

图 6 – 18　检查两种情况下转向阻力

2）检查轮胎胎压

使用气压表对前左右轮胎压进行测量，均为 2.7 bar（图 6-19），气压正常。如胎压不正常，需将胎压调至标准压力。

图 6-19　检测胎压

3）检查转向机械传动部分

举升该故障车至车轮高度大约至胸部位置，双手握住左前轮或右前轮，左右转动车轮，感受阻力情况，如图 6-20 所示。经检查，车轮左右转动阻力沉重，确定故障位于机械传动部分。

图 6-20　检查左右前轮转动情况

4）检查转向器

拆卸转向横拉杆与转向节臂的连接螺栓（图 6-21），左右转动方向盘，转动平顺，阻力小，说明转向器齿轮齿条传动正常，转向器无缺油现象。

5）检查转向节臂与悬架下摆臂连接

该故障车前轴采用麦弗逊式独立悬架，前轮左右摆动的轴线为减振器上端和车身

图6-21 拆卸转向横拉杆与转向节臂连接螺栓

的连接点与转向节臂和下摆臂连接点的连线。车轮转向时，减振器上端连接处不会相对转动，减振器活塞杆与储油桶会相对转动，因此不检查减振器上端连接。只检查转向节臂与下摆臂连接是否松旷或变形卡滞，橡胶垫是否有老化、破损现象，如图6-22所示。经检查，转向节臂橡胶垫破损变形，转向节臂左右摆动困难。

图6-22 检查转向节臂

6）分析原因

转向节臂俗称汽车"羊角"，它是汽车底盘中非常重要的零部件，与汽车的转向系统、制动系统和悬架系统都有连接，使车轮可以行走、转向、减速刹车。转向节臂不只是左右摆动，还有内外摆动。如果车辆经常行驶的路面情况比较差，容易造成转向节臂转动阻力变大，从而引起转向时方向盘沉重。

7）故障排除

更换转向节臂橡胶垫，左右转动车轮，感觉阻力正常。故障修复后需对车辆进行四轮定位检测并调整，最后进行路试，故障排除。

汽车转向沉重故障诊断学生考核报告表见表6-4。

表6-4 汽车转向沉重故障诊断学生考核报告表

学院		专业	
姓名		学号	
小组成员		组长姓名	
实训目标： 1. 能够依据接待要求，结合客户的需求，独立完成接待准备工作； 2. 能够根据车辆的故障现象，初步分析故障原因，并制订车辆的初步维修方案； 3. 能够规范使用拆装及测量工具； 4. 学会查询维修手册，并按照维修手册进行操作； 5. 能够快速查找故障点，排除并修复验证； 6. 巩固汽车制动系统的相关知识； 7. 养成与他人协作的习惯，具备良好的人际交往能力。			
一、接受工作任务			
一辆大众迈腾 B8 轿车，汽车行驶过程中，驾驶员向左右转动方向盘时，感到沉重费力，方向盘自动回正困难。车主要求对汽车该故障进行检测维修。			
二、制订计划			
小组成员任务分工。			
三、计划实施			
1. 初步分析引起该故障现象可能的原因。 2. 根据上述分析及测试结果，进一步明确故障范围，确定测试突破点。 3. 基于以上诊断结论，选择测量点，实施测量，确定故障所在位置。 4. 结合诊断结果，分析故障机理，总结提升。			
四、评价反馈			

参考文献

[1] 弋国鹏，魏建平，郑世界. 汽车发动机控制系统及检修 [M]. 2版. 北京：机械工业出版社，2019.

[2] 弋国鹏，魏建平，郑世界. 汽车舒适系统及检修 [M]. 2版. 北京：机械工业出版社，2019.

[3] 弋国鹏，魏建平，郑世界. 汽车灯光系统及检修 [M]. 2版. 北京：机械工业出版社，2019.

[4] 马福胜. 迈腾B8轿车启动防盗系统故障分析 [J]. 内燃机与配件，2021（9）：141-143.

[5] 马福胜. 迈腾车起动机不运转 [J]. 汽车维护与修理，2021（5）：76-77.

[6] 马福胜. 迈腾车发动机无法起动 [J]. 汽车维护与修理，2020（7）：78-79.

[7] 马福胜. 迈腾B8L车电子节气门系统解析及故障1例 [J]. 汽车维护与修理，2021（7）：75-78.

[8] 刘甫勇. 汽车电路分析及检测 [M]. 北京：电子工业出版社，2008.

[9] 嵇伟. 汽车故障诊断与典型案例分析 [M]. 北京：机械工业出版社，2011.

[10] 黄海波，尹万建. 汽车电气设备原理与检修 [M]. 北京：高等教育出版社，2018.

[11] 张军，安宗全. 汽车电气系统故障诊断与维修 [M]. 北京：高等教育出版社，2015.

[12] 司传胜. 现代汽车检测与故障诊断技术 [M]. 北京：机械工业出版社，2013.